N&K

Erling Sandmo

UNGEHEUERLICH

SEEMONSTER
IN KARTEN UND LITERATUR
1491–1895

Aus dem Norwegischen von
Sylvia Kall

Nagel & Kimche

Die Übersetzung aus dem Norwegischen und
die Produktion dieses Buches wurden
freundlicherweise von NORLA unterstützt.

Titel der Originalausgabe: *Uhyrlig. Sjømonstre i kart og litteratur 1491–1895*

1. Auflage 2018

in der MG Medien Verlags GmbH, München
Satz: JournalMedia GmbH, Susanne Tauber
Umschlaggestaltung: JournalMedia GmbH unter
Verwendung eines Fotos von © Shutterstock
Umschlagkonzept: Agentur Superultraplus
Druck und Bindung: Finidr, Český Těšín
ISBN 978-3-312-01094-3
Printed in the Czech Republic

«Sein Angesicht war ganz menschlich, was Mund und Augen betrifft, doch war die Nase flach und eingedrückt; die Nasenlöcher waren daran am deutlichsten. Die Brust war vom Kopfe nicht sehr unterschieden. Die Arme waren ihm an den Seiten gleichsam durch ein dünnes Fell angeheftet, dadurch sie sich ausstrecken konnten, und die Hände waren, dem Ansehen nach, wie die Tatzen an einem Seehunde.»

Aus Erik Pontoppidan, *Versuch einer natürlichen Historie von Norwegen*, Bd. 2, Kopenhagen 1754

DIE NACHTSEITE DER NORMALITÄT
12–17

DIE STERNBILDER DES MEERES
18–21

SICH SELBST VERZEHREN
22–25

VERLORENER STOLZ
26–29

DAS PHANTOMBILD DER SPRACHE
30–33

DIE TAUTRINKER
34–37

DIE EIGENLIEBE DES MENSCHENGESCHLECHTS
38–41

DER RETTENDE TEUFEL
42–45

ODYSSEUS AUF DEN LOFOTEN
46–49

DANIELS TRAUM
50–53

IM BAUCH DES ORIENTS
54–57

EIN HERZ AUS WASSER
58–61

WOHNEN IM BAUCH DES STURMS
62–65

GOTTES BOTE IN DER KÜCHE
66–69

FEUER ZWISCHEN DEN WELLEN
70–73

DER VIELFÜSSER BEI KRISTIANSAND
74–77

DER BLICK AUF DEN KÖRPER
78–81

DIE LEBENDE INSEL
82–85

DER SCHWANENGESANG DER SEEMONSTER
86–89

ZU GROSS, UM GESEHEN ZU WERDEN
90–93

EIN FREUND GEHT ZUGRUNDE
94–97

TYRRHEN
Mediterranei

DIE NACHTSEITE DER NORMALITÄT

Eine Zusammenkunft von Monstern – die wollte ich in diesem Büchlein über Seemonster arrangieren. Allerdings handelt es sich dabei um ein paradoxes Unterfangen: Es liegt in der Natur von Monstern, Grenzen und Kategorien zu überschreiten sowie Unruhe und Unbehagen in Systeme zu tragen, um dann im Dunkeln zu verschwinden, sobald wir versuchen, sie zu gruppieren und festzuhalten.

Trotzdem ist genau das meine Absicht. Hier sind zwanzig Monster, oder genauer: Seeungeheuer, versammelt. Ich habe sie nach zwei Kriterien ausgewählt: zum einen, dass sie zu unterschiedlichen Zeiten tatsächlich als Monster betrachtet wurden, zum anderen, dass es sie immer noch gibt – in den Sammlungen der norwegischen Nationalbibliothek.

Das letztgenannte Kriterium lässt sich leicht umsetzen, denn es geht um unsere eigene Zeit. Die Nationalbibliothek besitzt umfangreiche Sammlungen von Büchern, Manuskripten und Karten sowie eine Menge anderer Träger von Wissen, Ideen und Meinungen.

Für dieses Buch habe ich auf Bücher, Karten und Handschriften aus fünf Jahrhunderten zurückgegriffen, vom 15. bis zum 19. Jahrhundert. Das

◄ Das Meermenschenliebespaar, eingefangen in einem glücklichen Augenblick der Monstergeschichte, stammt aus Abraham Ortelius' *Theatrum orbis terrarum*, Antwerpen 1570.

war die Glanzzeit der Monster, was vor dem Hintergrund einiger historischer Umwälzungen zu sehen ist: erstens die großen Entdeckungsreisen und damit ein enormes, neu erwachtes Interesse an der Kartographie, zweitens die Reformation und eine neue Faszination für religiöse Vorzeichen und Omen, drittens die Entstehung einer neuartigen, umfassenden – und durchgehend illustrierten – naturhistorischen Literatur. Eine bedeutende gemeinsame Voraussetzung für diese drei Entwicklungen war der Buchdruck, der die Verbreitung von Bildern und Wissen in Europa ermöglichte. Mit der Zeit schwand das Interesse am Monströsen und auch der Glaube an die Existenz der Monster. Heute gehören sie zumeist in den Bereich der Phantasie und Unterhaltung, aber hier werden sie als durchaus real dargestellt – in unterschiedlicher Weise.

Dennoch hat wenig von dem Material, das meinem Buch zugrunde liegt, Monster oder das Monströse zum Hauptthema: Vielmehr handelt es sich immer um Versuche, Wissen von der Welt und ihren realen Bestandteilen zu präsentieren. Oft geht es um Tiere, aber manchmal auch allgemeiner um Natur, Geographie, menschliche Sitten und Gebräuche sowie Religion – um nur einige Themen zu nennen. Die Grenzen zwischen diesen Wissensgebieten veränderten sich ständig, aber diejenigen, die sich mit ihnen beschäftigten, waren fast immer bestrebt, Wissenssysteme zu konstruieren und Kriterien zu finden, um zwischen wahr und falsch, gewöhnlich und ungewöhnlich, regelmäßig und unregelmäßig zu unterscheiden. Und all diese Versuche haben Wesen zutage gebracht, die Unruhe, Chaos – und Furcht – hervorrufen. Monster sind solche Geschöpfe.

Monster sprengen die Grenzen und Kategorien des Wissens, aber da das Wissen einem kontinuierlichen Wandel unterliegt, verändert sich im Lauf der Zeit und von Kultur zu Kultur die Auffassung, was Monster sind, konkret und praktisch. Die Beispiele hier sind in erster Linie zusammengestellt worden, um die Vielfalt des Monströsen und Ungeheuerlichen zu zeigen, aber an ihnen lassen sich auch leicht einige Hauptlinien in der Geschichte der Monster erkennen.

Eine davon ist die Entwicklung vom Demonstrativen zum Ungewöhnlichen. Mit «demonstrativ» ist gemeint, dass die Monster – beide Worte haben dieselbe Wurzel, das lateinische «monstrum» – einen Sinn oder eine Botschaft in sich tragen, sie zeigen etwas. Dieses «Etwas» kann eine moralische Erkenntnis sein, es kann Gottes Wille sein oder auch das Vorzeichen eines schrecklichen Geschehens. Der Text, den ich für dieses Buch am meisten verwendet habe, ist das imposante Werk des Geistlichen Olaus Magnus, die *Historia de gentibus septentrionalibus*, die «Beschreibung der Völker des Nordens». Olaus war Katholik und verbrachte den Großteil seines Lebens als Erwachsener im Exil in Mittel- und Südeuropa. In Venedig veröffentlichte er 1539 eine große Karte der Nordsee und der nordischen Länder, das obengenannte Buch gab er 1555 in Rom heraus. Beide Publikationen enthalten eine Menge Beispiele für demonstrative Monster. Meine zweite Hauptquelle, *Det første Forsøg på Norges Naturlige Historie* (zu Deutsch: «Versuch einer natürlichen Historie von Norwegen», 1753/54) des norwegischen Bischofs Erik Pontoppidan von 1752/53, handelt auch von «gewissen Seeungeheuern», aber dort sind die Monster eher außergewöhnliche Tiere, deren Existenz umstritten ist.

Mit dieser Entwicklung vollzieht sich also ein allmählicher, aber bedeutender Übergang von einer Welt, in der Tiere, Pflanzen und andere Naturerscheinungen sich plötzlich als Zeichen und Offenbarungen von etwas anderem, von etwas Größerem und Göttlichem, erweisen können, hin zu einer Welt, in der die Natur eher ein System in sich selbst ist. Aber die Geschichte ist nicht so einfach. Monster können auch Mischwesen sein, Kreaturen, die mehrere verschiedene Geschöpfe gleichzeitig zu sein scheinen, wie Meermenschen, Seesterne und Seelöwen. Eine weitere Art des Monströsen ist das Überschreiten der Ordnung der Elemente. So haben Tiere, die im Wasser wie an Land jagen, etwas Beunruhigendes an sich, das Gleiche gilt für schwere Drachen, die fliegen können, oder den Vogel Phönix, der sowohl Feuer- als auch Luftwesen ist. Andere wiederum werden allein schon durch ihre besonderen moralischen Eigenschaften zu Ungeheuern.

Überhaupt: Die Geschichte der Monster ist die wilde, ungezügelte, erschreckende Nachtseite der Geschichte der Normalität.

Darüber hinaus ist diese Geschichte eine Sammlung von Erzählungen über phantastische Tiere, die die Leute gesehen oder zu sehen geglaubt haben, von denen sie gehört oder die sie an der Meeresoberfläche erahnt haben oder die auf ihrer Küchenarbeitsplatte gelandet sind. Sie ist auch eine Alltagsgeschichte, teils vom Schrecken, teils vom Staunen und vom Träumen von all dem Unbekannten, das man eines Tages vielleicht gewahr werden wird. Wie Pontoppidan schreibt:

> Könnten wir uns vorstellen, die See würde durch einen Ablauf auf einmal auf diese Art ausgeleeret werden, so wie man eine kleine See oder einen Fischteich ablaufen lässet, um ihn zu reinigen; o! welche unglaubliche Verschiedenheit von unbekannten und theils recht gräslichen Seeungeheuern oder ungewöhnlichen Seethieren würden wir auf dem Seegrunde in ausserordentlicher Menge durcheinander erblicken! Alsdann würden wir sogleich im Stande seyn, viele Fragen von den Seethieren abzuthun, deren Wirklichkeit anitzt, als dunkle Aufgaben, bestritten wird.

In meiner Vorstellung waren die Sammlungen der Nationalbibliothek für mich diese trockengelegte Meerestiefe, in der ich die Monster finden konnte, um sie in einem Buch zu versammeln. Durchführbar war das nur mit den verschiedensten Hilfeleistungen und grenzüberschreitenden Ratschlägen meiner Kolleginnen und Kollegen. Ich danke ihnen allen, besonders Benedicte Gamborg Briså, Karen Arup Seip und Bente Lavold.

Oslo, im Juni 2017
Erling Sandmo

► Der Riesenkrake verbreitete noch Furcht, nachdem die allermeisten anderen Monster schon lange zu Legenden und Aberglauben geworden waren.
Aus Henrik J. Posselts *Blæksprutterne*, Kopenhagen 1895.

DIE STERNBILDER DES MEERES

Was ein Seeungeheuer ist, wird am eindrucksvollsten in der Vorrede zum 21. Buch von Olaus Magnus' Werk *Historia de gentibus septentrionalibus* von 1555 erklärt. Dabei handelt es sich nicht um ein Geschichtsbuch nach unserem Verständnis, sondern um eine Sammlung aller wissenswerten Informationen über Skandinavien, besonders über Schweden. Ebenso wie die Bibel, Augustinus' *Vom Gottesstaat* und andere bedeutende Texte ist Olaus' Geschichte in «Bücher» oder Hauptkapitel unterteilt, insgesamt in 22. Buch 20 und 21 beschäftigen sich mit Fischen, den «piscibus». Das erste der beiden befasst sich mit gewöhnlichen Fischen, das zweite berichtet von «piscibus monstrosis», monströsen Fischen. Worin der Unterschied besteht, sagt Olaus Magnus bedauerlicherweise nicht, aber er präsentiert uns ein Weltbild, das wir heute vielleicht magisch nennen würden:

> Großartig ist das Schauspiel, welches das weite Weltmeer allen Völkern in seinem wogenden Wasser zu zeigen hat. Vielfältig sind die Geschöpfe, die es hervorbringt und uns erblicken lässt, und diese beeindrucken uns nicht nur durch ihre Größe und Ähnlichkeit mit Sternbildern, sondern sie erfüllen uns auch, und sogar noch mehr, wegen ihrer fürchterlichen Erscheinung mit Schrecken. Ja, es scheint, als habe alles, was am Him-

mel, auf der Erde, im Innern der Erde und unter unseren Hausgeräten und Werkzeugen verborgen ist, auch einen Platz in der Tiefe des Meeres.

«Die ganze Welt ist Bühne», sagt Jacques in Shakespeares *Wie es euch gefällt* ein paar Generationen später. Für Olaus war das keine Metapher, sondern eine reale Art der Weltbetrachtung, und vor allem das Meer war eine wogende Bühne – auf der die Monster spielten. Hin und wieder war es den Menschen vergönnt, sie zu beobachten, und dann war es, als betrachte man Sternbilder. Dieser eine kleine Hinweis eröffnet uns ein ganz unmittelbares Verständnis der Karten des 16. und 17. Jahrhunderts, die manchmal verblüffende Ähnlichkeit mit den Sternkarten haben, die wir noch heute benutzen, um Tiere und Götter hoch über uns zu finden. Die Tiefe des Meeres hat diese Bedeutung jetzt verloren, diesen Charakter, von einer mächtigeren Hand als unserer eigenen geschrieben zu sein.

Außerdem betont Olaus Magnus, dass alles, was es im Himmel und auf der Erde gibt, ja, sogar die Gegenstände, mit denen wir uns umgeben, seine Entsprechung im Meer hat. Es gibt zwar auch einzigartige Erscheinungen im Meer, aber das meiste hat sein Abbild an Land. Diese Vorstellung geistert noch immer durch unsere Sprache, wenn wir Tiere als Seelöwen, Seekatzen, Seeanemonen und Seekühe bezeichnen, natürlich ohne damit zu unterstellen, dass sie Beispiele für eine magische Verbindung zwischen den Elementen der Welt seien. Wenn wir in der Zeit zurückgehen, finden wir noch viel mehr Beispiele: In Büchern und auf Karten gibt es Seehyänen, Meermänner, Seeschweine, Meermönche und Meerbischöfe. Und die Tiere, die sich den Namen teilten, ähnelten sich damals viel mehr als heute, wie die Seelöwenfamilie, die an der äußersten Südspitze Feuerlands an Land gegangen ist, wo sie sich anscheinend genauso wohl fühlt wie im Wasser. In Hondius' und Mercators Weltatlas von 1623 sind sie sicher; noch hält das Männchen potentielle Feinde fern. Es weiß nichts von der Abschlachterei, die im folgenden Jahrhundert in Südamerika beginnen sollte, als die Löwen nicht länger Sternbilder des Meeres waren, sondern bloß Robben.

Fig. 1 **DIE STERNBILDER DES MEERES**

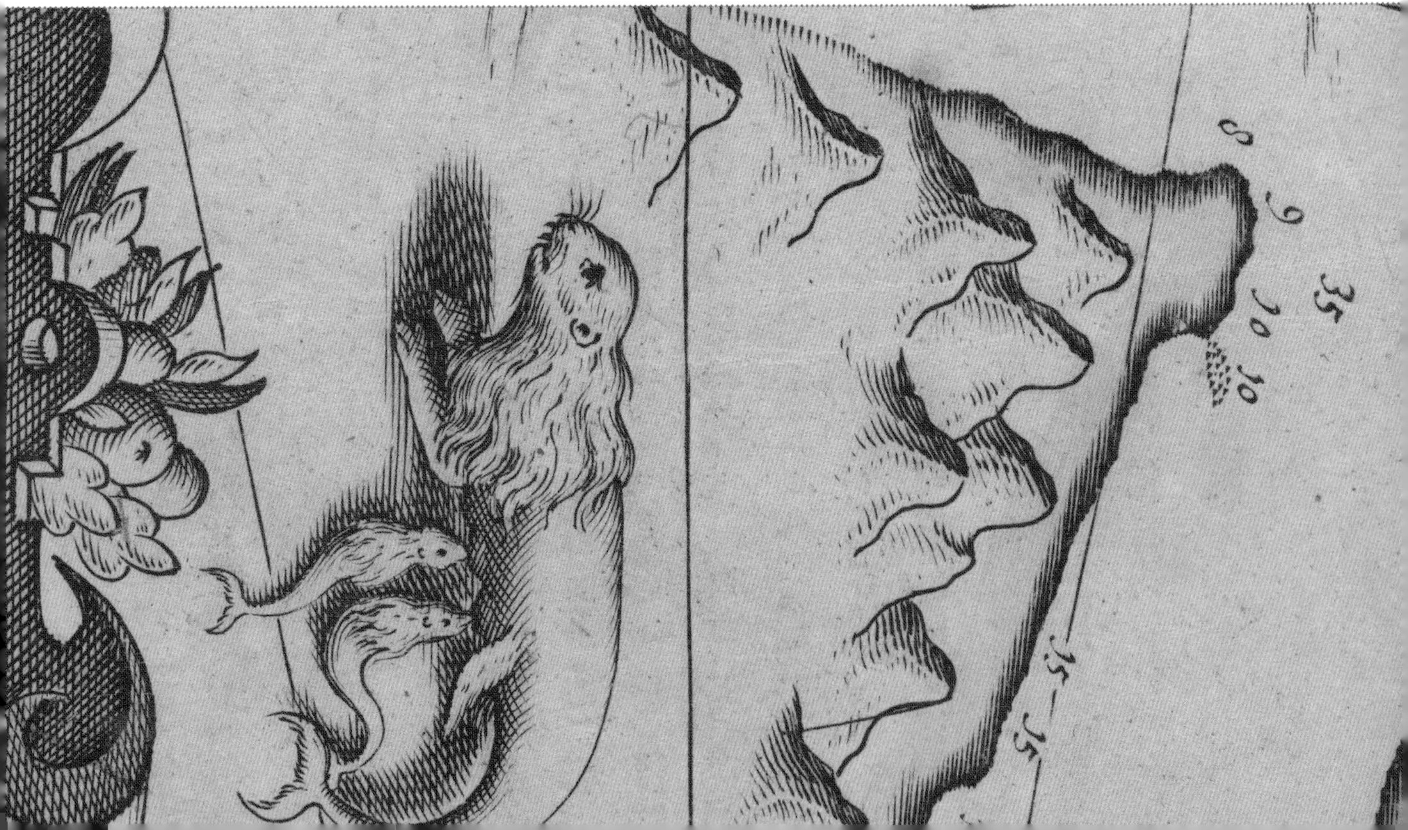

18
13
15
44
6
6.10.15
R

SICH SELBST VERZEHREN

Wie Olaus Magnus berichtet, heißt der Meeraal auf Norwegisch «swamfisk». Er ist das gefräßigste Tier des Meeres, aber seine Gier ist eher Schicksal als freie Entscheidung: Der Fisch wird nicht satt. Das liegt an seinem seltsamen Verdauungssystem, denn er hat weder Hals noch Magen. Alles, was sein Maul passiert, wird zu Fett, und bald nimmt der Swamfisk die Form eines großen Fettklumpens an. Er wächst mit enormer Geschwindigkeit, und lediglich seine Haut hindert ihn daran, noch mehr zu fressen. Am Ende kann sie sich nämlich nicht weiter ausdehnen. Dann erbricht der Fisch einfach alles, über das er sich hergemacht hatte, und kann weiterfressen.

Trotz seiner Größe und Gier ist der Swamfisk furchtsam und feige. Wenn er Angst bekommt, rollt er sich zusammen wie ein Igel, wodurch sich Fleisch, Fett und Haut doppelt über den Kopf legen. Dann ist er sicher. Die Abbildung aus der *Historia de gentibus septentrionalibus* zeigt, wie ein Swamfisk von zwei Fischen angegriffen wird, denen es nicht gelingt, sich durch seine äußere Schicht zu beißen. Vielleicht geben sie bald auf und wenden sich dem linken Teil des Bildes zu, wo eine Seekuh ihr Kalb säugt, aber darüber sagt Olaus Magnus nichts.

Die Abbildung zeigt nicht, was geschieht, nachdem die Raubfische weitergeschwommen sind. Da bleibt der Swamfisk allein zurück, aber aus Furcht vor den Feinden, die er tief in seinem Fett weder sehen noch hören kann, wagt er es nicht, sich wieder auszustrecken, obwohl er schnell unstillbaren Hunger verspürt. Daher frisst er sich durch sich selbst hinaus. So kann er sich in gewisser Weise am Leben erhalten, doch der Preis ist hoch.

Das Tier, das sich selbst frisst, ist auch aus anderen Zeiten und von anderen Orten bekannt. Der sich selbst verzehrende Tintenfisch ist ein altes Motiv, nicht zuletzt in der japanischen Kunst und Dichtung. Der Lyriker Sakutaro Hagiwara (1886–1942) schreibt über einen Tintenfisch, der gefangen und dann in einem Aquarium vergessen wurde. Das Tier frisst sich selbst vollständig auf und verschwindet. Dennoch bleibt es gegenwärtig:

> Aber der Tintenfisch war nicht tot. Noch lange danach war er *dort*, ewig zugegen in diesem schimmligen, leeren Wasserbehälter im Aquarium. Für Jahrhunderte, vielleicht die Ewigkeit, als unsichtbares Wesen, um seinen Hunger und seine Qual geschlossen, war er *dort*, lebendig …

Olaus Magnus schrieb keine Gedichte. Er vermittelte Wissen, teils über das Leben im Meer, teils über Moral. Die Erzählung vom Swamfisk ist allerdings beunruhigend und mystisch unklar. Sie enthält zwar eine Warnung vor Gier und Feigheit, aber es scheint nicht vor dem Swamfisk selbst gewarnt zu werden. Schließlich ist all sein Fett ein Segen für die Menschen an der Küste, die den Fisch fangen, das Fett kochen und ein reines, klares Öl gewinnen, mit dem man Leder einfetten kann. Ebenso lässt es sich in Lampen verwenden, die in der über dem Land der Norweger liegenden Dunkelheit ein helles, warmes Licht spenden.

marinum, medium inter plantam &
bei corii, & in medio rimas, quibus
co veſcitur. Maxima eius multitud

Fig. 2

De Piſce, quem Noruegia
pinguedine eius, & alii

al, ſicut ſtella, quinque angulos habens, ru
hit nutrimentum: nemoq́ prouidus hom
in littoribus Noruegiæ.

Svvamfyſck appellant, maxima
ibuſdam Monſtris marinis.

VERLORENER STOLZ

Die norwegische Seeschlange wird von Olaus Magnus als Aristokratin unter den Monstern dargestellt. Sie ist ein riesiges Raubtier, das sich in den Klippen und Höhlen bei Bergen versteckt und Jagd auf Kälber, Lämmer und Schweine macht – wenn es nicht zum Fressen ins offene Meer hinausschwimmt, wo sich nichts mit ihm messen kann. Die Seeschlange jagt großen Schiffen hinterher, erhebt sich wie eine Säule aus dem Wasser und verschlingt die Seeleute, als fräße sie aus einer Schüssel, und wenn sie sich auf diese schreckliche Weise sehen lässt, dann ist dies ein Zeichen: «Wie ein Komet eine Umwälzung für die ganze Welt ankündigt, so sagt die Schlange das Gleiche für das norwegische Reich vorher.» Nach ihrem Erscheinen werden Könige sterben oder in die Flucht geschlagen, wenn nicht gar «der Sturm des Krieges augenblicklich losbrechen wird». Die Schlange ist mit schwarzen, scharfen Schuppen bedeckt, und ihre Augen flammen wie Feuer: Sie ist das perfekte Seeungeheuer, stilisiert bis ins fast Abstrakte.

Zwei Jahrhunderte später ist die Seeschlange eines von den drei Seeungeheuern, an die Erik Pontoppidan nach einigem Zögern glaubt, wobei seine Zweifel eher pflichtschuldig anmuten: Laut seiner Darstellung ist die Seeschlange offenkundig real. Denn wenn man die Seeleute im Norden fragt, ob die Schlange existiert, reagieren sie genauso, als wenn man sie nach der Existenz von Kabeljau oder Aal fragte. Es gibt zahllose glaubwürdige Augenzeugenberichte, und Pontoppidan führt mehrere davon an, unter anderem eine zeitgenössische vor dem Gericht in Bergen unter Eid abgelegte Zeugenaussage, ebenso Berichte von Autoritäten wie Hans Strøm, Hans Egede, Lucas Debes und Peter Dass. Trotzdem hat sich die furchterregende Seeschlange im Lauf der Zeit markant gewandelt.

Bei Pontoppidan ist die Schlange immer noch sehr groß. Sie kann etwa dreihundert Ellen, also bis zu zweihundert Meter lang werden. Im Wasser bewegt sie sich sehr schnell, und wenn sie sich aufrichtet, kann sie den Mast eines großen Segelschiffs überragen. Sie greift Schiffe an und wird von den Seeleuten gefürchtet. Aber ist sie wirklich gefährlich? Erik Pontoppidan bezweifelt das, und seine Schilderungen konzentrieren sich immer mehr auf die Verwundbarkeit des großen Tieres: Es sei zwar ein unheimliches Erlebnis, wenn sich die Schlange wie ein Ring um das Schiff lege, aber wenn man direkt auf sie zuhalte, winde sie sich weg, um nicht getroffen zu werden, und gebe selbst Ruderbooten den Weg frei. Kapitän Lorentz Ferry erklärte 1746 vor dem Bergenser Gericht, er habe aus einem kleinen Boot heraus mit dem Gewehr auf eine Seeschlange geschossen, die dann blutend geflüchtet sei. Zum Aussehen der Schlange vermerkt Pontoppidan, dass sie aus der Nähe betrachtet entweder völlig glatt oder runzelig ist, was vielleicht damit zusammenhänge, dass sie sich häutet. Er ging sogar Gerüchten nach, dass es in Kopervik eine Tischdecke aus Seeschlangenhaut gebe, aber erfuhr schließlich, dass die Schlange, die tatsächlich in einer Bucht ganz in der Nähe gelegen habe, eine schleimige, quallenartige Haut zurückgelassen habe, die als Tischschmuck völlig ungeeignet gewesen sei.

Die Seeschlange endet also als furchtsames und verängstigtes Geschöpf, das nur in Norwegen vorkommt. Sie wagt sich nur bei warmem Wetter und spiegelglattem Meer aus der Tiefe hervor. Ihre Augen sind groß und reinblau, ohne jedes Feuer.

Fig. 3 **VERLORENER STOLZ**

Norske Söe-Orme.

DAS PHANTOMBILD DER SPRACHE

Wie alle historischen Monster zogen sich auch die Seeungeheuer allmählich von den Menschen zurück, die sicheres Wissen über sie erlangen wollten. Zu Beginn des 16. Jahrhunderts besiedelten sie noch die ganze Nordsee, doch 1590 hatten sie sich um Island herum versammelt, wenn wir der Karte eines der bedeutendsten Kartographen dieses Jahrhunderts, Abraham Ortelius, glauben wollen. Viele der Seeungeheuer erkennen wir von Olaus Magnus wieder, aber einige haben andere Ursprünge, wie dieses schöne Meerpferd. Mit seiner fließenden Mähne, dem graziös aufgerollten Schwanz und den geschlossenen Vorderbeinen nimmt es eine klassische Pose ein, als wäre es dressiert.

Aber das ist es ganz und gar nicht. Ortelius versah seine Karte mit einer kurzen Erklärung, die besagt: «Hroshualur, das heißt ein Meerpferd, hat eine Mähne, die von seinem Nacken herabhängt wie bei einem Pferd. Es verursacht oft großen Schaden und erfüllt die Fischer mit Furcht.» «Rosmhvalur», vom altnordischen «rosmhvalr», ist noch heute einer der isländischen Namen des Tieres, das wir «Walross» nennen.

Aber ist das Ungeheuer in der Karte ein Walross? Vielleicht nur dem

Namen nach, aber das allein ist schon bemerkenswert: Es zeigt, dass Ortelius Isländischkenntnisse besaß und dass er berücksichtigte, wo die Seeungeheuer lebten. Er nimmt die Sprache ernst und wörtlich. Gleichzeitig verknüpft er sie mit einer größeren Tradition: Seine Karte versammelt Seeungeheuer aus unterschiedlichen Quellen, und das Pferd hat große Ähnlichkeit mit dem, das in Pierre Belons Werk über das Leben im Meer, *De aquatilibus* von 1553, zu sehen ist – aber die Pose ist klassisch, und Monster haben sich schon seit der Antike auf diese Weise abbilden lassen.

Das Wort «Walross» haben wir also behalten, und mit einem unergründlichen Lächeln begegnet uns die Verbindung zwischen dem Pferd und dem Meeressäuger in den germanischen Sprachen auch heute noch. Vielleicht war ja unser heutiges Walross für Schäden und Furcht im Meer vor Island verantwortlich. In diesem Fall hätte Ortelius das antike Meerpferd unschuldig angeklagt und ihm die Verbrechen eines anderen Monsters zugeschrieben, bloß weil das Phantombild der Sprache zu ihm passt.

Fig. 4

Stadarsted.
Hersey
Haffiorderey
Eldey
Geie fuelasker
Geie eiar

DIE TAUTRINKER

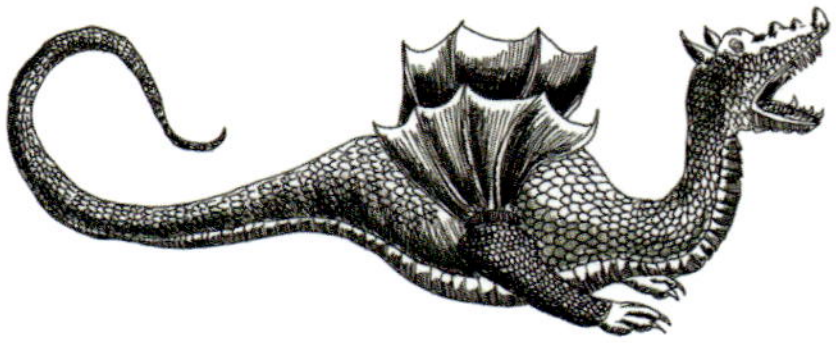

Olaus Magnus zufolge gibt es weit im Norden der norwegischen Küste einen ungeheuer gefährlichen Fisch von der Größe eines Elefanten. Er wird «Morsus» oder «Rosmarus» genannt. Wenn er einen Menschen am Strand erblickt, greift er sofort an und reißt seine Beute mit den Zähnen in Stücke. Danach zieht er sich ins Meer zurück, wo er nicht zu überwältigen ist. Er hat einen zottigen Körper und einen behaarten, ochsenähnlichen Kopf.

Die Schwäche dieses Ungeheuers ist seine Begeisterung für Tau. Morgens klettert es die Klippen am Strand hinauf, um oben auf ihnen zu weiden, wenn das Gras mit Süßwasser bedeckt ist. Nachdem das Ungeheuer sich satt gefressen und getrunken hat, wälzt es sich wieder über den Rand der Klippen, um sich in seinem eigentlichen Element in Sicherheit zu bringen. Es klettert mit Hilfe seiner Zähne, aber gerade diese, obwohl die gefährlichste Waffe und das wichtigste Werkzeug des Tieres, erweisen sich auch als sein schwächster Punkt. Vom Tau berauscht, schläft es auf dem Weg nach unten ein und bleibt mit den Zähnen in Felsspalten hängen. Dann sind die norwegischen Fischer mit ihren scharfen Messern zur Stelle, mit einem Schnitt über die Schwanzwurzel lösen sie die Haut des Tieres von seinem Speck und befestigen das lose Hautstück mit Seilen an Felsen oder

Bäumen. Dann werfen sie Steine gegen den Kopf des Tieres, das erwacht und sich nach hinten fallen lässt, um hinunterzukommen – wodurch es sich beim Fallen selbst häutet.

Erst im nächsten Kapitel, das sich mit dem Elfenbeinhandel befasst, wird klar, dass es sich bei dem Tier um ein Walross handelt. Aber Olaus Magnus' Bild vom Walross – das seiner 1539 veröffentlichten Karte entnommen war – rief schon bei seinen Zeitgenossen Skepsis hervor. Der bedeutende Naturhistoriker Conrad Gessner wies auf ein offenkundiges Problem hin: Wenn die Zähne des Walrosses tatsächlich so saßen, nämlich im Unterkiefer, konnte es mit ihnen weder in den Klippen klettern noch dort hängen bleiben. Sie müssten nach unten zeigen, wie auf einer Zeichnung des deutschen Künstlers Albrecht Dürer. Schließlich wurde es entsprechend korrigiert. Als Olaus' Buch 1567 in deutscher Übersetzung erschien, war die Illustration so abgeändert, dass die Zähne nach unten wiesen.

Der Kern der Erzählung vom Walross ist also moralisch. Es fiel seinen Charakterschwächen zum Opfer: dem übersteigerten Glauben an die eigene Stärke und der zügellosen Begierde nach Tau. Aber damit die Geschichte Sinn ergab, musste die Zahnstellung der Moral angepasst werden.

Die Nachwelt war in ihrem Urteil über Olaus' Walrossgeschichte gespalten. Das vermutlich 1599 fertiggestellte Werk des Gelehrten Peder Claussøn Friis *Om Diur, Fiske, Fugle oc Trær udi Norrig* (*Über Tiere, Fische, Vögel und Bäume in Norwegen*) ist zwar stark von Olaus Magnus inspiriert, aber in Bezug auf das Walross meint Friis, Olaus' Quellenkritik sei unzureichend gewesen, denn «das Ganze ist ihm falsch und unrichtig berichtet worden». Der wohlwollendere Erik Pontoppidan begnügt sich mit der Bemerkung, über das Walross «werde gesagt», es schlafe an den Zähnen hängend. Den überraschendsten Nachhall findet die von Olaus Magnus gezogene Parallele darin, dass in einigen wenigen Karten ein einsamer Elefant an der Küste der Finnmark steht und wehmütig nach Süden schaut, in nördlichen Gefilden zurückgelassen von Kartographen, die den Vergleich mit dem Walross noch wörtlicher gelesen haben als Olaus Magnus.

Fig. 5

XXI.

Morſo Noruagico.

XXVIII.

DIE EIGENLIEBE DES MENSCHENGESCHLECHTS

Geschöpfe, die teils Mensch, teils Meerestier sind, sind vielleicht die zählebigsten aller Seeungeheuer. Sie finden sich auf Karten bis zurück ins Mittelalter, sie kommen in der griechischen Mythologie vor – und sie sind in der Populärkultur, in Märchen und Filmen bis heute lebendig. Die Abbildung hier ist dann auch die älteste in diesem Buch. Sie stammt aus einem umfangreichen und erstaunlichen Werk, dem *Hortus sanitatis*, dem «Garten der Gesundheit», einem Nachschlagewerk zu allem, was in der Natur vorkommt, einschließlich seiner Verwendungsmöglichkeiten. Das Exemplar der Nationalbibliothek ist von 1491. Vorliegendes Bild gehört zum Kapitel über Fische. Es zeigt zwei recht unterschiedliche Meermänner, der eine affenartig, der andere mit eindeutig menschlichen Zügen und einer Kopfbedeckung, die eher zu jemandem passen würde, der den Kopf über Wasser hält.

Das Bild veranschaulicht das offenkundige Dilemma im Hinblick auf Meermenschen: Handelt es sich bei ihnen um Tiere oder Menschen? Historisch gesehen war es unüblich, sich mit dieser Frage zu beschäftigen, genau wie es ungewöhnlich war, sich überhaupt mit den Meermenschen zu befassen. Trotz ihrer kulturellen Anziehungskraft stießen sie bei denjenigen, die sich dem Verständnis der Natur widmeten, auf überraschend wenig Interesse: Weder Olaus Magnus noch Conrad Gessner beachteten sie. Wenn die Leute Fische fingen, die Ähnlichkeit mit Menschen hatten – besonders mit Geistlichen, die im Englischen sprachlich immer noch mit dem Seeteufel, dem «monkfish» (Mönchsfisch) verbunden sind –, wurde das zwar häufig als religiöses Omen gewertet, aber der Fisch selbst wurde selten als Monster mit über sein Aussehen hinausgehenden besonderen Eigenschaften betrachtet.

Erik Pontoppidan dagegen interessiert sich weiterhin für die Meermenschen, wobei er auch hier als Mann der Aufklärung zu Werke geht und den kalten Blick der Wissenschaft auf die vermeintliche Vorrangstellung des Menschen richtet. Viele Leute hätten im Lauf der Jahre Meermenschen gesehen, sagt er, und sich von ihnen faszinieren lassen, als ob sie anders und wertvoller wären als andere Tiere. Aber an sich sei es nicht verwunderlich, dass es Tiere im Meer gebe, die Menschen ähnelten: Schließlich gebe es auch Meerpferde, Meerkühe, Meerwölfe, Seehunde und so weiter. Wir sehen bei den Meerestieren Analogien zu Landtieren – also warum nicht zu Menschen? Dennoch sind sie nach Pontoppidan bloß Tiere. Wenn wir etwas anderes glauben, ist das der Eigenliebe des Menschengeschlechts geschuldet. Als weiteren Beleg führt er all die menschenähnlichen Tierarten an, die uns schon an Land bekannt sind, wie Paviane und Buschmänner. Auch sie seien ja bloß Tiere.

Trotzdem sind ihm die Meermenschen einer näheren Betrachtung wert, und er nennt eine Reihe mehr oder weniger glaubwürdiger Beobachtungen. Unter anderem berichtet Pontoppidan von Peter Angel, dem Pfarrer der Gemeinde Vanylven in Sunnmøre. Erst vor kurzem habe ihm Angel in einem persönlichen Gespräch erzählt, dass er auf einer Halbinsel in der Nähe von Alstahaug einen toten Meermann gesehen habe:

> Das Untertheil war einem Fische ähnlich, und der Schwanz einem Meerschweine [d. i. ein Schweinswal, Anm. d. Verf.]. Sein Angesicht

> war ganz menschlich, was Mund und Augen betrifft, doch war die Nase flach und eingedrückt; die Nasenlöcher waren daran am deutlichsten. Die Brust war vom Kopfe nicht sehr unterschieden. Die Arme waren ihm an den Seiten gleichsam durch ein dünnes Fell angeheftet, dadurch sie sich ausstrecken konnten, und die Hände waren, dem Ansehen nach, wie die Tatzen an einem Seehunde. Auf dem Rücken war er so fett, daß man ein gutes Theil Speck abschnitte, woraus, wie auch aus der Leber, guter Thran gekocht ward.

Ausgenommen und zu Tran verarbeitet wie ein beliebiger Fisch, trotz des Gesichts und der Hände. In der vielleicht letzten Begegnung der Aufklärung mit dem Meermenschen gibt es keinen Zauber mehr, nur noch die Kälte eines Messers und der Neugier.

est piscis in aqua vivēs applicar⁹ ad petrā
Aqua non ōndit nec sepatur. nisi p attra
ctionem inspirationis concitus.

Ca. lxiiij.

Nereides ⁊ orcha. Ysidorus. Ne
reides sunt belua marie toto cor
pore hirsutis hispide. Habentqꝫ
speciem aliquam formatam cum homie
Horum aliqua cum mortalis cōditionis

Fig. 6

DER RETTENDE TEUFEL

Wie so viele andere der Illustrationen in Olaus Magnus' Werk ist dieses Bild zunächst ein Detail seiner berühmten Karte der Nordsee und der sie umgebenden Länder. Auf der Karte spielt sich die Szene in der Nähe von Lindesnes ab. Im Buch wird die Begebenheit nicht konkret verortet, und es ist unklar, ob es um die allgemeinen Gefahren beim Baden geht oder ob wir Zeuge eines realen historischen Ereignisses werden.

Der Mann, den wir sehen, schwimmt im Meer und wird von einem Schwarm kleiner Haie oder Meerhunde, wie Olaus sie nennt, angegriffen. Sie sind zwar nicht groß, aber es sind viele. Plötzlich schwimmen sie in Scharen heran, beißen sich in ihrer Beute fest und ziehen den Mann in die Tiefe, wo sie seine Nase, seine Finger, seine Zehen und Geschlechtsteile fressen. Die fürchterlichen Qualen nehmen kein Ende, bis unversehens – und nun ist die Szene ganz konkret – ein riesiger Rochen auftaucht, der die Haie, getrieben von einer wilden Raserei, fortjagt. Nachdem die Raubfische geflohen sind, versucht der Rochen, dem Mann an Land zu helfen. Ohne Erfolg. Erst etliche Tage später, als das Meer sich selbst reinigt, treibt der Körper leblos an die Oberfläche.

Der Rochen werde von seinem natürlichen Mitleid geleitet, schreibt Olaus Magnus, und sei damit eine Art nordischer Delphin. Olaus zufolge helfen Delphine nämlich Menschen, die auf dem Meer in Not geraten sind, es sei denn, sie riechen, dass diese Menschen Delphinfleisch gegessen haben, dann töten sie sie auf der Stelle. Sollten sie zur Rettung des Unglücklichen zu spät kommen, nehmen sie die Leiche des Ertrunkenen auf den Rücken und bringen ihn bedächtig an Land.

Man könnte bei Olaus Magnus vielleicht eine gewisse Rührung über die Fürsorge erwarten, die der Rochen, wie auch der Delphin, den Menschen und ihren Hinterbliebenen entgegenbringt, aber die ist nicht zu erkennen. Vielmehr zuckt er mit keiner Wimper, als er berichtet, dass die Menschen sowohl Rochen als auch Haie essen, wobei das Fleisch des Rochens das gröbere sei. Zudem ist die Jagd auf ihn laut Olaus gefährlich. Denn wenn ein Rochen angebissen hat und der Fischer ihn ins Boot ziehen will, breitet der Fisch seine großen, flügelartigen Flossen aus, wobei er den Fischer mit gewaltiger Kraft über Bord reißen und in die Tiefe ziehen kann. Dann gibt es keine Rettung mehr. Mitleid ist dem Rochen jetzt fremd, und die Haie schauen zu, erfüllt von ihrer angeborenen Bosheit.

tractatu I. cap. I I I I. Huic etiam p
longitudine octo cubitorum, & latit
audet, ſed reſupinata ſuper latum d

De crudelitate q
aliorum

Fig. 7

ɔo teſtudo Indiana aſſimilatur: quæ cùm ſit
e quatuor, homines tres vel plures inuadere
n nil poteſt.

undam Piſcium, &
nignitate.

ODYSSEUS AUF DEN LOFOTEN

In weiter Ferne ging es den Ungeheuern immer am besten: Auf der europäischen Weltkarte des Mittelalters sind Monster und Missgeburten meist am äußersten Rand der Welt zu finden – auf jeden Fall weit weg im Osten, Süden und Norden, an unbekannten Orten. Als die Entdeckungsreisenden nach und nach immer weiter vordrangen und die Grenzen der Gebiete überschritten, die zuvor das Territorium der Ungeheuer gewesen waren, stellte sich oft heraus, dass es dort doch keine Ungeheuer gab: keine Hundsköpfe, keine Blemmier (kopflose Menschen mit dem Gesicht auf der Brust), keine Einfüßler. Blieb nur noch das Meer – seine Schrecken und Geheimnisse verheißungsvoll verbergend.

Aber im Lauf des 16. Jahrhunderts erschloss sich die Nordsee als Ort, an dem es mehr Ungeheuer als früher gab, nicht weniger wie an den meisten anderen Orten. Die wilden Gebiete im äußersten Norden Europas wurden enger in eine gemeinsame europäische Karten- und Wissenskultur eingebunden, und die Ungeheuer folgten dem Blick der Gelehrten und wurden deren Wissen gerecht. Für Renaissanceautoren wie Olaus Magnus lieferte die antike Literatur das Muster zum Verständnis der Menschheits- und Naturgeschichte. Damit wurde die Erforschung des Nordens zu einer Wiederentdeckung der Welt der Antike: Hier waren Kreaturen und Phänomene zu sehen, die schon von Aristoteles und Plinius beschrieben worden waren.

Die Nordsee wurde zum neuen Mittelmeer, voller Schwertfische, Tintenfische und Delphine.

Gelegentlich konnte auch der Gedanke aufkommen, in einem gewissen historischen Verständnis seien die beiden Meere eins. Ein Beispiel hierfür sind die Spekulationen der Gelehrten, ob man nicht vielleicht schon bei Homer vom Moskenesstraumen auf den Lofoten gelesen hatte: War dieser Mahlstrom nicht möglicherweise das gefürchtete Ungeheuer Charybdis, von dem Odysseus auf seiner langen Heimreise von Troja beinahe verschlungen worden wäre?

Auf Olaus Magnus' Karte der Nordsee und der nordischen Länder, der *Carta Marina* von 1539, ist der Moskenesstraumen mit einer eigenen Erklärung versehen: «Hec [sic] est horrenda Caribdis» («Hier ist die fürchterliche Charybdis»). Auch auf der Karte verschlingt der Mahlstrom gerade ein Schiff. Olaus entwickelt die Vorstellung vom Moskenesstraumen als antikem Monster nicht weiter, aber sie verschwindet auch nicht: In Jonas Ramus' posthum veröffentlichtem Buch *Norriges Beskrivelse* (*Beschreibung Norwegens*) von 1735 ist zu lesen, dass Odin und Odysseus ein und derselbe Mann waren und dass die Ungeheuer Skylla und Charybdis keinesfalls – wie viele glaubten – in der Straße von Messina zwischen Sizilien und dem italienischen Festland beheimatet waren, sondern zwischen Moskenesøy und Mosken.

> Halogaland scheint eine der ersten Provinzen gewesen zu sein, die in Norwegen bewohnt und bebaut waren, denn direkt nach dem Trojanischen Krieg, als Ulysses, der sich Outin nannte, zu den äußersten Grenzen des großen Ozeans reiste, fand er ein dunkles Land, das er das Land der Kimmerier nannte, in welchem es seiner Beschreibung nach hohe Berge gab, die in die Wolken ragten und mit ewigwährender Finsternis und Nebel bedeckt waren, sodass die Sonne nicht auf sie schien, weder bei ihrem Auf- noch bei ihrem Untergang, und von welchem er sagt, dass er dort zwei Meerschlünde, Scyllam und Charybdin, entdeckt und mit

> Schrecken deren Lärm und Brausen gehört hat, noch bevor er in ihre Nähe kam, und dort angelangt dann das Schäumen des Meeres gesehen hat, wie ein kochender Kessel mit Schaum und Dampf, der in die Luft stieg; welches alles zusammen einige Irrende zur Meerenge bei Sizilien erklären wollten; obwohl es an dieser Stelle weder so hohe Berge gibt, auf denen die dunklen Wolken liegen, noch solche Dunkelheit, welche die Sonne nicht durchdringt, noch so eine gefährliche Strömung, dass die Seefahrer dort nicht ohne Gefahr hindurchsegeln könnten; aber all das trifft in jeglicher Weise auf den Møskøe-Strom auf Helleland zu, wo es auf der Seite der Lofoden einen so hohen Berg, genannt Helseggen, gibt, dass nach Homers Beschreibung niemand dort hinaufgelangt, auch wenn er 20 Hände und Füße hätte, und wo im Winter fortwährend Nebel und Dunkelheit herrschen.

Der Geistliche Jonas Ramus hatte bereits ein ganzes Buch zu diesem Thema geschrieben, *Ulysses et Otinus Unus & idem – Odysseus und Odin: ein und derselbe* – von 1702. Daraus stammt die Karte zu diesem Kapitel. Das *Norsk biografisk leksikon* (*Norwegisches biographisches Lexikon*) vermerkt lakonisch, dass die Theorie vom Moskenesstraumen «später noch lange in ausländischer Literatur zitiert wurde».

Fig. 8 **ODYSSEUS AUF DEN LOFOTEN**

DANIELS TRAUM

In den ersten reformatorischen Bibelübersetzungen gibt es wenige Illustrationen. Martin Luthers absolutes Hauptanliegen war es, den Text selbst, Gottes Wort, in einer Sprache verfügbar werden zu lassen, die das Volk verstand. Dieser Ansatz prägte seine eigene Übersetzung wie auch die erste vollständige dänische Bibelausgabe, die von König Christian III. 1550 herausgegebene *Biblia: Det er den gantske Hellige Scrifft* (*Biblia: Das ist die ganze Heilige Schrift*).

Desto bemerkenswerter sind die Bilder, die sich dennoch aus deren Buchseiten erheben. Zwei von ihnen finden sich in dem relativ kurzen Buch Daniel und zeigen Träume: König Nebukadnezars Traum vom Koloss auf Tonfüßen und dann dieses Bild, das den Traum des Propheten Daniel illustriert. Es gibt grundlegende Gemeinsamkeiten zwischen diesen zwei Träumen, die beide von der Geschichte handeln. Sie sind Visionen von Regimen, die aufeinanderfolgen und untergehen, bis die Zeit der Ewigkeit weicht. In Nebukadnezars Traum sind diese Regime Körperteile des Kolosses; Daniel selbst träumt von einigen Ungeheuern, die alle aus dem Meer steigen und Herrschergewalt erhalten. In seinem Traum sind auch andere Menschen zugegen, die das Gesehene für ihn deuten, indem sie die Tiere als vier Könige interpretieren, die auf der Erde Macht erlangen werden. Nebukadnezars

Traum bekam besonders große Bedeutung für die Geschichtsschreibung, weil er der Idee Gestalt gab, dass die Geschichte aus Epochen besteht und damit eine Kombination aus Dauerhaftigkeit und Veränderung ist.

Daniels Traum, den wir hier sehen, war vielleicht zu sonderbar, um Eingang in die Geschichtsphilosophie der Nachwelt zu finden, aber er war wichtig genug, um abgebildet zu werden – als ein Stück Geographie: Die vier Ungeheuer steigen jedes in seiner Ecke der Welt aus dem Meer, auf einer Karte, die die Entdeckung Amerikas noch nicht zur Kenntnis genommen hat. Das vierte und letzte Ungeheuer steht in Afrika und ist das merkwürdigste von allen.

> Ein viertes Tier, Furcht einflössend und schrecklich und aussergewöhnlich stark. Und es hatte grosse Zähne aus Eisen, es frass und zermalmte, und was übrig blieb, zertrat es mit seinen Füssen. Und es war anders als all die Tiere vor ihm, und es hatte zehn Hörner. Ich achtete auf die Hörner, und sieh, ein anderes Horn, ein kleines, wuchs zwischen ihnen, und drei von den ersten Hörnern wurden vor ihm ausgerissen. Und sieh, an diesem Horn waren Augen, den Augen eines Menschen gleich, und ein Mund, der grossmäulig redete. (Zürcher Bibel, 2007)

In der dänischen Bibelausgabe von 1550 hieß es wörtlich, das Tier «hatte Augen / wie Menschenaugen / und einen Mund, der große Dinge sprach». Hier haben die Augen des Ungeheuers nicht nur Ähnlichkeit mit den Augen eines Menschen, sondern mit Menschenaugen ganz allgemein, und große Dinge zu sprechen ist etwas völlig anderes, als großmäulig zu reden.

Den Gläubigen im Jahr 1550 war das Ungeheuer näher als uns heute, und es war überwältigender. Es ähnelte ihnen, es hatte ihren Blick, aber es ähnelte auch Ungeheuern, deren Bilder die Leute andernorts sahen und die immer wieder auf dem Meer gesichtet wurden. Das Bild zeigte dies, es verband das Wort der Schrift mit der Welt draußen, in der die Seeungeheuer unter den Wellen lauerten.

Fig. 9

IM BAUCH DES ORIENTS

Die bekannteste Erzählung der Bibel über ein Meerungeheuer findet sich im Buch Jona, wo der Prophet Jona flieht, als Gott ihm aufträgt, den Einwohnern von Ninive das Urteil des Herrn zu verkünden. Jona kauft sich einen Platz an Bord eines Schiffes, aber Gott entfesselt auf dem Meer einen gewaltigen Sturm, und die Mannschaft wirft Jona über Bord, um den Sturm zu besänftigen. Da kommt ein großes Tier und verschlingt ihn. Jona lebt drei Tage und drei Nächte im Bauch des Tieres, wo er betet. Gott hört nicht nur das Gebet, er spricht auch mit dem Ungeheuer, das den Propheten an trockenes Land speit. Daraufhin kann Jona nach Ninive reisen und seinen Auftrag erfüllen.

Die griechische Übersetzung des hebräischen Originaltextes nennt dieses Tier einen «ketos» – auf Latein «cetus» –, was sowohl mit «Fisch» als auch mit «Wal» übersetzt werden kann und in älteren naturgeschichtlichen Texten oft allgemeiner als Bezeichnung für große Meerestiere und Seeungeheuer verwendet wird. In der klassischen englischen King-James-Bibel von 1611 ist das Tier ein Wal, in der dänisch-norwegischen Tradition ein Fisch, aber es hat auch einen Platz in der Geschichte der Ungeheuer, in der es als Monster auftaucht, als Verkörperung der Allmacht Gottes.

Die Geschichte von Jona und dem Ungeheuer wird, viel später, kurz von Jesus erwähnt, als eine Vorankündigung seiner eigenen Zeit im Grab. Vielleicht kann man sagen, dass das Ungeheuer sich hier als Monster offenbart, mehr als bloß Wal oder Fisch: Es war ein Zeichen, ein Tier, das auch die Zukunft in sich trug und verstand, was Gott sagte. Niemand anders hörte oder verstand es, und deshalb wurde es nie aufgeschrieben, es blieb ein Geheimnis zwischen ihnen, zwischen dem Herrn und dem Seeungeheuer.

Damit ist es dann auch eine auffallende Erscheinung in der Geschichte des Christentums, bald Fisch, bald Wal. Das Bild hier stammt aus der 1746 in Kopenhagen veröffentlichten *Den rette Billed Bibel: Eller Bibelske Figurer* (*Die wahre Bild-Bibel: Oder Biblische Figuren*), einer volkstümlichen Bilderbibel mit kurzen Texten und detaillierten, dramatischen Illustrationen. Das kunstvolle deutsche Original, 1565 in Nürnberg erschienen, wird dem bekannten Zeichner und Drucker Virgil Solis zugeschrieben. Die dänische Ausgabe ist einfacher und gröber gearbeitet, aber das Bild von Jona und dem Ungeheuer – hier als Fisch bezeichnet – ist auch in anderer Hinsicht verändert: Wo Solis den Kopf des Tieres einfach flach, glatt und echsenartig gezeichnet hat, zeigt die dänische Ausgabe ein ungestümes Ungeheuer, schuppenbedeckt und mit einem langen Schwanz, der einen hohen Bogen über das Wasser spannt. Das uns zugewandte Auge ist groß und starrend, das Maul dicht mit scharfen Zähnen besetzt.

Diese Modifikation verleiht dem Tier eine orientalische Anmutung, lässt es zu einem Karpfen, vielleicht sogar einem Drachen werden. In jedem Fall bringt es hier nicht nur Gottes Plan für Jona wie für Jesus zum Ausdruck, sondern auch die Schwärmerei des 18. Jahrhunderts für alles Chinesische. Jona bleibt keine Zeit, sich umzusehen, aber die Betrachter der dänischen Bilderbibel konnten auf ihrem Wohnzimmertisch dem wilden Blick des Orients begegnen.

Fig. 10 **IM BAUCH DES ORIENTS**

EIN HERZ AUS WASSER

Olaus Magnus hegt ein so leidenschaftliches Interesse für den Wal, dass Wal und Monster bei ihm oft ein und dasselbe sind. Die Größe ist offenbar wichtig für die Faszinationskraft, aber sie veranschaulicht auch und erleichtert es, vom Wal zu lernen, genau wie große Sternbilder und große Kirchen eine stärkere Wirkung auf die Menschen haben als kleine.

In der *Historia de gentibus septentrionalibus* gibt es zwei Arten von Walen: böse und gute. Zu den bösen gehören vor allem die Spritzwale, die Schiffe angreifen, indem sie Wasser ausstoßen. Dazu haben sie zwei Röhren auf dem Kopf, die sie auf die Schiffe richten. Diese werden dann so schnell mit so großen Wassermengen überschwemmt, dass sie sinken. Es ist nicht bekannt, warum diese Wale angreifen. Sie scheinen ausschließlich von der ihnen angeborenen Bosheit getrieben zu werden, und wenn sie denn als Herrscher des Meeres gelten können, dann sind sie Despoten, willkürlich und grausam. Auf Olaus' Karte der Nordsee-Region ist zu sehen, wie ein riesiger Spritzwal ein Stück westlich der Färöer ein norwegisches Schiff attackiert und wie zwei dieser Ungeheuer ein Schiff aus Lübeck bedrängen. Die Lübecker verteidigen sich auf die einzig mögliche Art: indem sie die Ladung über Bord werfen und in Trompeten blasen, denn die Spritzwale mögen keinen Lärm.

Die Wale haben aber auch gute Eigenschaften. Die wichtigste ist die außergewöhnlich große Liebe der Weibchen zu ihren Kindern. Solange die Jungen klein und schwach sind, kann die Mutter sie Olaus zufolge in ihrem gewaltigen Maul verstecken; falls nötig, kann sie sie am Stück verschlucken, sie zum zweiten Mal in ihrem Körper wohnen und schließlich, mit bedeutungsschwerer Symbolik, erneut geboren werden lassen. Wenn die Jungen größer werden und selbst schwimmen können, halten sie sich nah bei der Mutter. Wenn sie dann von ihrem Erzfeind, dem Orca, angegriffen werden, beschützt die Mutter ihren Nachwuchs mit ihrem eigenen Körper. Sollten die Jungen bei einsetzender Ebbe in einer flachen Bucht gefangen sein, spritzt sie so viel Wasser hinein, dass das Meer ansteigt. So werden sie gerettet.

Für Erik Pontoppidan, zweihundert Jahre später, ist der Wal zu einem gewöhnlichen, wohlbekannten Tier geworden, das keinen Eingang in seine äußerst überschaubare Sammlung von «Seeungeheuern» findet. Dennoch mutet es wie das Echo eines größeren Dramas an, wenn Pontoppidan erzählt, dass der Orca «vornehmlich die großen Wallfische verfolgt und peiniget» und sie totbeißt – und sie dennoch nicht frisst, denn die Orcas «haben nur ihre Lust daran, wenn sie den großen Fisch plagen». Aufopferung und Heldenmut des Wals sind verschwunden, er brüllt nur «recht erschrecklich», nicht einmal Bischof Pontoppidan sieht noch Symbolik in seinem Leid.

Pontoppidan bildet den Wal dann auch tot ab, als Kadaver an Land. Er spritzt kein Wasser mehr aus, wie er es auf älteren Bildern immer tut – und zwar typischerweise in zwei gebogenen Strahlen, als wollten sie ein Herz aus Wasser zeichnen: eine Gefahr für die Menschen, Geborgenheit für seine eigenen Kinder. Der Wal auf dieser Ortelius-Karte, die 1570 erstmals gedruckt wurde, schwimmt allein im Eismeer zwischen einer «Carybdis» an der Küste der Finnmark und einem ganzen Kontinent im Norden, in dem, wie die Karte vermerkt, Pygmäen leben. Niemand scheint mehr seine Kaskade aus Zuneigung und Grausamkeit zu sehen.

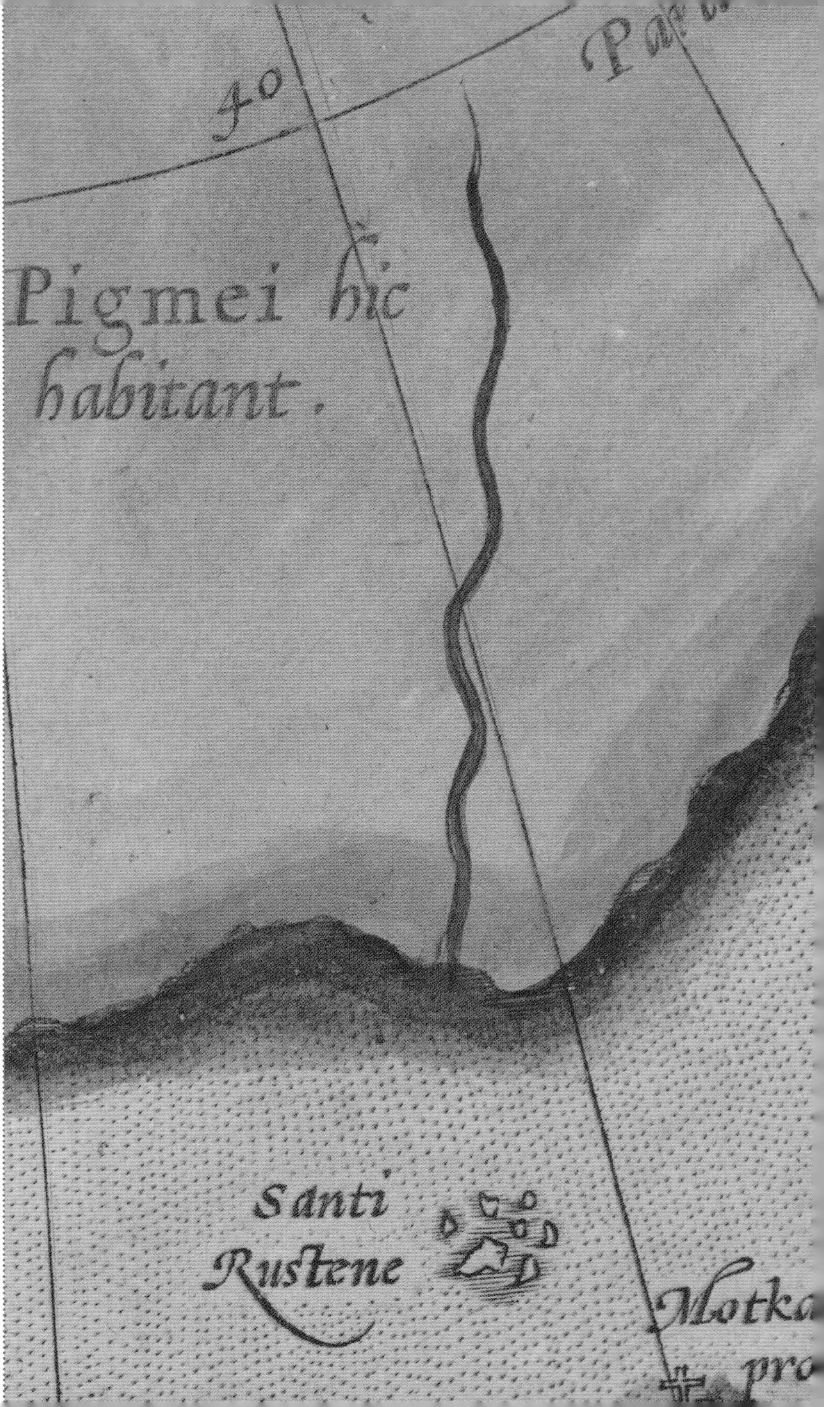

Fig. 11

MARE
GELA
Wara
Caienſka
ſemla
Swentinos
prom:
Carÿbdis
Pele
Semes ſaxum

WOHNEN IM BAUCH DES STURMS

Die am weitesten im Norden lebenden Völker haben es in vielerlei Hinsicht gut, berichtet Olaus Magnus. Sie haben eine große und ehrenvolle Geschichte, die Gebirge und Felder bergen reiche Schätze, es gibt sehr viel Wild – und im Meer unendliche Mengen Fisch. Noch spektakulärer sind natürlich die riesigen Wale, die sie zum Teil jagen, zum Teil hilflos an Land finden, von Feinden dorthin getrieben oder von Stürmen angespült. Der Wal gibt Fleisch zum Essen und Öl für Lampen, und seine Haut lässt sich zu Leder gerben. Durch die Stürme und die Kälte ist das Leben hart, unter anderem weil in einem solchen Klima die Bäume nicht richtig gedeihen. Doch die Natur hat vorgesorgt. Die Bewohner des Nordens verbrennen die kleinen Knochen des Wals wie Holz, während die großen zum Bau von Häusern verwendet werden können, und nicht nur von Häusern, sondern auch von Möbeln, Türen und Fenstern, alles steht dank Gottes Vorsehung zur Verfügung.

Der Bauvorgang ist fast eine Art Rekonstruktion. Wenn Menschen, Raubtiere und Vögel sich an den gestrandeten Walen bedient haben, bleibt das Skelett zurück wie der Rumpf eines Schiffes. Regen und Wind säubern es. Dann können Handwerker die Knochen wieder zusammensetzen, das bootähnliche Haus in Räume zu unterschiedlichen Zwecken einteilen und mit Türen aus Walhaut sowie Fenstern versehen. Tiere und Menschen wohnen hier zusammen, in ihren jeweiligen Räumen; und Leute, die wissen, was sie tun, geben den Hühnern einen Platz unter dem Dachfirst, wo «der Hahn seinen Dienst als Uhr versieht», schreibt Olaus, der in einem merkwürdigen Moment der Häuslichkeit fast verstörend detailliert und lebensnah ist. Auch in der hier abgedruckten Illustration aus der *Historia de gentibus septentrionalibus* wimmelt es von diesen kleinen Dingen: Menschen, die unter dem Walschädel an einem Tisch sitzen, Schafe, die in der entgegengesetzten Ecke des Hauses stehen, und der Hahn auf der Hühnerstange über ihnen. Es scheint, als sehne sich Olaus für einen Augenblick fort von all seinen großen Geschichten und aus seinem Exil in Italien.

Dennoch ist der Sog des Wilden und Fremden im fernen Norden immer zugegen, auch in den Knochenhäusern: «Diejenigen, die unter diesen Rippen schlafen, träumen fortwährend, dass sie in den Wellen des Meeres kämpfen oder von Stürmen überfallen werden, ja, dass sie in Gefahr schweben, Schiffbruch zu erleiden.» Diese Häuser aus riesigen Tierkadavern ähneln gekenterten Booten, und sie erinnern ihre Bewohner an die Zerbrechlichkeit ihres Lebens. Sogar als totes Baumaterial haben die Wale Weisheit zu vermitteln.

Fig. 12

DE. I PISCIB

De Domibus ex ere

CAP.

MONSTRO.

ne integrarum costarum.

XXIIII.

GOTTES BOTE IN DER KÜCHE

Trotz der oft detaillierten Beschreibungen von Seeungeheuern in den Quellen finden wir selten wirklich konkrete Spuren von direktem Kontakt zwischen ihnen und den Menschen. Mit all ihren tieferen Bedeutungen und ihrer verborgenen Weisheit ähneln sie der Schrift oder Bildern, sie deuten über sich hinaus, zu großen Zusammenhängen und fernen Antworten. Sie sind wie Sternbilder, wie Olaus Magnus es so schön formulierte.

Die prosaischere Erklärung für die den Ungeheuern innewohnende Distanz ist natürlich, dass die meisten Leute ihre Geschichten nicht der Nachwelt hinterließen. Diese Scholle gewährt einen seltenen Blick in einen Alltag, in dem plötzlich das Spektakuläre zum Vorschein kommen konnte. Dennoch ist die Zeichnung von Mystik umgeben: Sie liegt in einer dünnen Mappe mit der Beschriftung «Endeel naturhistoriske Piecer» («Einige naturhistorische Stücke») in der Handschriftensammlung der Nationalbibliothek, wobei sich die Scholle in der Gesellschaft einer sechsbeinigen Katze, einer vierbeinigen Ente und eines Tintenfischs befindet. Alle sind mit Erklärungen zu ihrer Herkunft versehen, die in derselben Handschrift geschrieben sind. Sie müssen also von jemandem gesammelt und kopiert worden sein, der ein besonderes Interesse für Absonderlichkeiten hatte. Es handelt sich um eine zierliche, vielleicht professionelle, auf jeden Fall für das 18. Jahrhundert typische Schrift, aber wir wissen nicht, wer der Schreiber war. In die Bibliothek sind die Texte durch Halvor Andersen aus Toten gekommen, einen Kopenhagener Kanzleirat mit einer umfangreichen Buch- und Manuskriptsammlung, der davon träumte, diese einer neuen, norwegischen Universität zu überlassen. Er starb 1810, ein Jahr vor der Gründung der Universität, aber seine Bücher gelangten trotzdem dorthin. Scholle, Katze, Ente und Tintenfisch erhielten jedoch keinen Zugang zur Universität, klein und unbedeutend, wie sie waren.

Einmal haben sie ihre Umwelt allerdings verblüfft. Das Blatt hinter der Zeichnung mit der Scholle gibt einen Brief des Bischofs von Bergen, Jens Skjeldrup, an einen unbekannten Empfänger, vermutlich in der Zentralverwaltung, wieder. Der Bischof berichtet, der Fisch sei am 19. September 1650 gefangen worden, woraufhin man ihm die Zeichnung und die Beschreibung zugeschickt habe. Wer dem Bischof geschrieben hat, ist unbekannt: Wir wissen bloß, dass der Betreffende Fisch essen wollte und ein eifriger, aber etwas unsicherer Lateiner war.

> Hier sende ich Ihnen, Vater, die Zeichnung einer Scholle, die vor kurzem hier gefangen wurde und *ollæ destineret* war, sodass der Koch begonnen hatte, sie aufzuschneiden, wie das Zeichen (a) ausweist, dann kam jemand hinzu und bemerkte, dass auf der Haut das *Signum crucis* war, und verhinderte, dass sie in den Topf kam, das Signum war in der Haut, genau wie es hier gezeichnet ist, und es war anguli und latera, wie es hier ist, und die Superficies war ganz glatt, sodass es dort weder *prominered* noch *inclinered*.

Die Scholle war also «für den Kochtopf bestimmt», und der Koch hatte schon hineingeschnitten – der Schnitt ist mit einem «a» markiert –, als jemand das Zeichen des Kreuzes, Signum crucis, sah. Alles ist hier ganz genau aufgezeichnet. In dem Brief heißt es weiter, es seien auch noch andere Figuren auf der Scholle gewesen, die aber verschwanden, als die Haut eintrocknete.

An diesem Septembertag gab es nichts zu essen. Selbst Wundern sei eine gewisse Routine eigen, hat der französische Mittelalterforscher Jean-Claude Schmitt geschrieben. Das ist schwer zu glauben, wenn man diese sorgfältige Zeichnung mit ihrem einen, erschrockenen «a» betrachtet.

Fig. 13 **GOTTES BOTE IN DER KÜCHE**

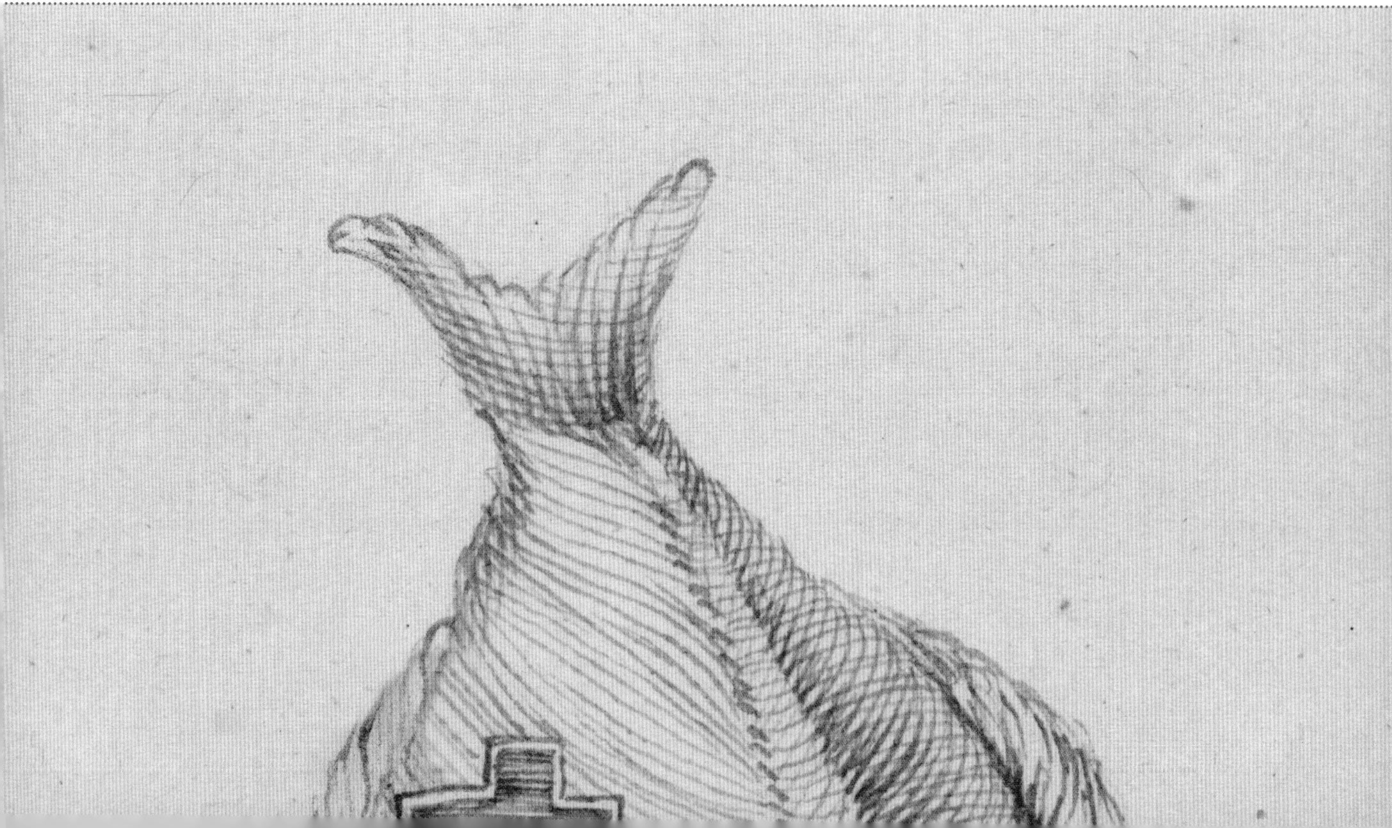

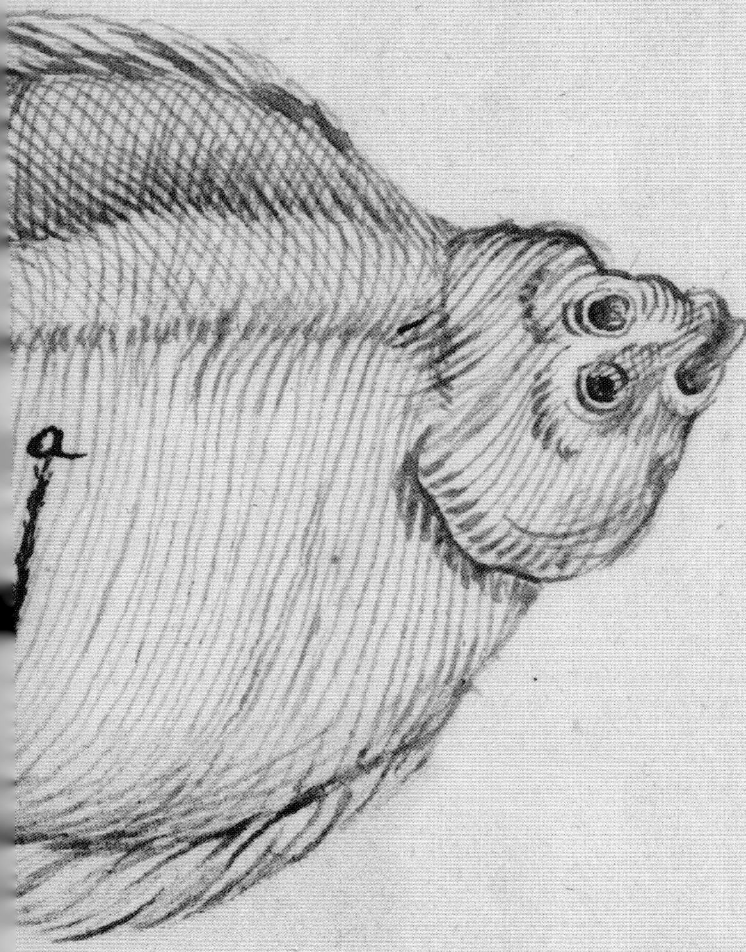
a

FEUER ZWISCHEN DEN WELLEN

Monster scheuen jegliche Klassifikation. In einem ziemlich kurzen Kapitel bei Olaus Magnus entschlüpfen sie auf verblüffende Weise. Sie entziehen sich selbst der Sprache: «An der norwegischen Küste und dort in der Gegend gibt es monströse Fische, die keinen Namen haben.»

Die Vorstellung von unbenennbaren Wesen ist sehr alt. Im ältesten bekannten Text, der schon im Titel anzeigt, dass er sich mit der Geschichte beschäftigt, den um das Jahr 430 vor Christus verfassten *Historien*, beschreibt Herodot ein weit entfernt lebendes, nordafrikanisches Volk: die Ataranten. Auch wenn sie unter dieser gemeinsamen Bezeichnung versammelt werden können, haben die einzelnen Individuen keinen Namen. Für Herodot markiert das Fehlen von Namen, und damit von Individualität und Subjektivität, die Grenze des Erzählbaren. Jenseits der Ataranten endet sogar die Geschichte.

Wilde Tiere haben, soweit wir wissen, keine eigenen Namen. Aber Tiergruppen oder Arten zu benennen, ist für die Menschen das Gleiche, wie sie zu entdecken, sie in das schon vorhandene Wissen einzugliedern, von ihnen zu wissen. Dabei ist die Wissenschaft nicht auf die Kooperationsbereitschaft der Tiere angewiesen. Wir wissen von ihnen, ob sie wollen oder nicht.

Aber die Tiere, von denen Olaus Magnus hier erzählt, müssen irgendwie der Wissbegier der Menschen widerstehen können: Es ist nie gelungen, ihnen Namen zu geben, sie in irgendein System einzuordnen. Sie sind einfach dort draußen, und wenn man versucht, an sie zu denken, wird es dunkel.

Daher ist es ein Paradox, dass man überhaupt etwas über sie weiß, ja, sie sogar abbilden kann, wie hier. Vielleicht können sie nur so, als Bilder, angeschaut werden, denn: «Ihre Wildheit zeigt sich auf den ersten Blick deutlich, sie erfüllen einen jeden, der sie sieht, mit Furcht, und sie lassen den Betrachter vor Schreck und Verwunderung erstarren, wenn er sie lange ansieht.» Wir haben es hier also mit einem allmählichen Prozess zu tun, bei der Begegnung mit diesen Ungeheuern dämmert den Menschen etwas, oder vielleicht verfinstert es sich auch eher. Die Ungeheuer sind nicht Objekte der Gedanken, sondern starren zurück.

Die Augen sind dann auch das, was die Menschen gewöhnlich von ihnen sehen: «Die Pupille ist eine Elle breit, von feuerroter Farbe. Wenn es dunkel ist, kann der Fischer sie aus weiter Ferne wie Feuer zwischen den Wellen leuchten sehen.»

Aber Olaus weiß noch mehr über diese Monster. Sie haben riesige Köpfe, eckig und gezackt «wie die Wurzeln herausgerissener Bäume». Der Körper ist im Verhältnis zum Kopf erstaunlich klein, trotzdem können die Tiere selbst große Schiffe mit Leichtigkeit umwerfen und versenken. Ganz zum Schluss erfahren wir, dass der norwegische Erzbischof, Erik Valkendorf, Papst Leo X. 1520 den eingesalzenen Kopf eines solchen Tieres geschickt habe. Wir wissen, dass Valkendorf in diesem Jahr einen Walrosskopf in den Vatikan gesandt hat, aber dabei muss es sich um einen anderen Kopf gehandelt haben. Schließlich stammte er von einem Tier, für das es ein Wort gab.

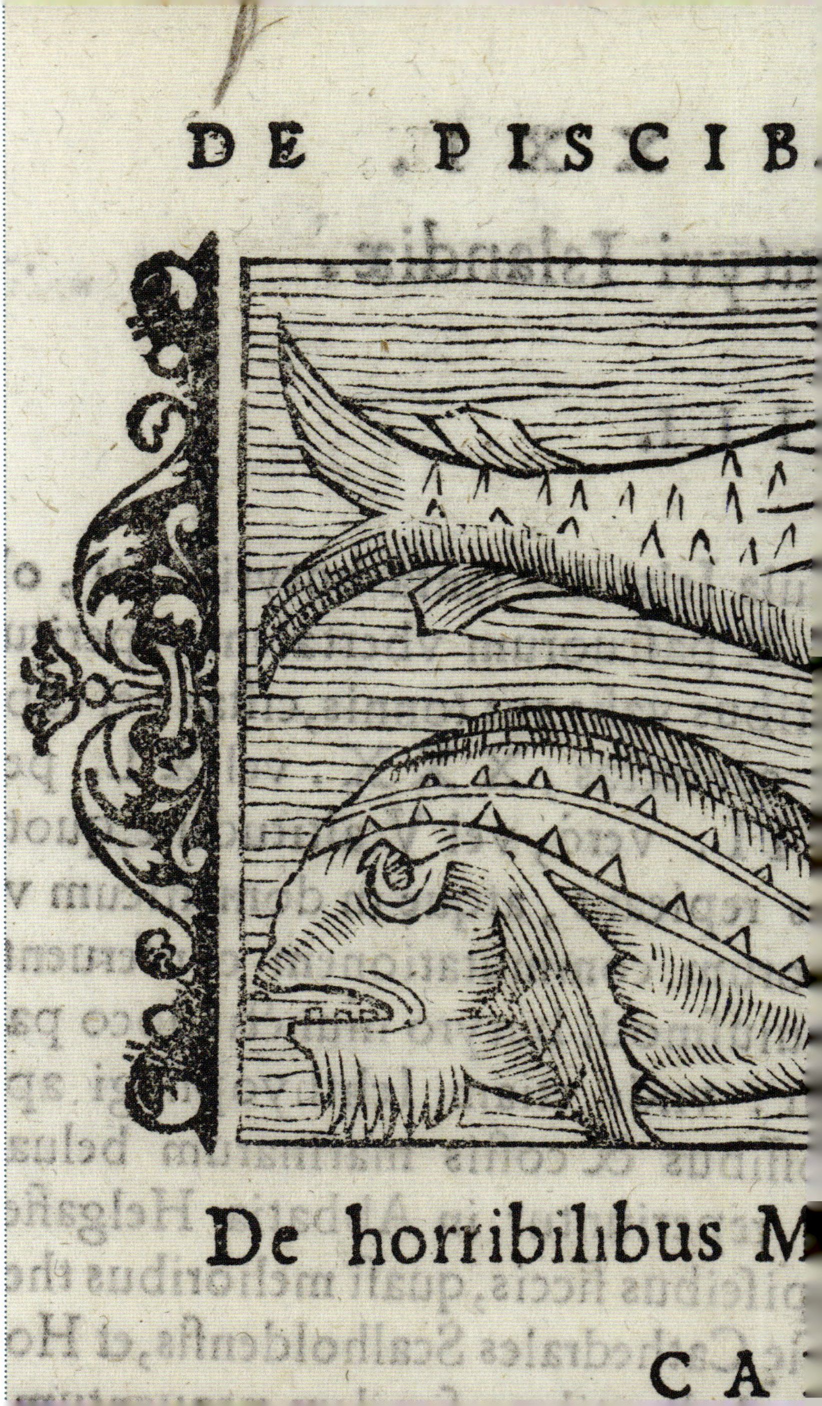

DE PISCIB

De horribilibus M

CA

Fig. 14

MONSTRO.

is littorum Noruegiæ.

V.

DER VIELFÜSSER BEI KRISTIANSAND

Tintenfische hatten eine eigene, verwirrende Wirkung auf Menschen mit Interesse am Ausgefallenen und Seltenen. Dieser Zehnarmer, der sich wie die Scholle in der Mappe «Endeel naturhistoriske Piecer» befindet, wurde im Dezember 1730 in der Nähe von Kristiansand gefangen und danach mit großer Genauigkeit gezeichnet und beschrieben – er war grauschwarz gefärbt, mit roten Flecken. Der Bericht wurde dem Pfarrer geschickt, der wiederum nach Kopenhagen schrieb.

Diejenigen, die dabei waren, als die Fischer den Tintenfisch untersuchten, erlebten Erstaunliches. Er war anders als andere Tintenfische, die sie gesehen hatten, groß und mit diesen ungewöhnlichen Farben. Der Pfarrer brilliert, als er die Zeugenberichte mit seinem gelehrten Wissen über die Naturgeschichte seit Aristoteles ausschmückt, aber das Allerfaszinierendste war dennoch das Tier an sich, nicht zuletzt die Tatsache, dass es wirklich voller Tinte war.

Es soll daraus eine so große Quantität von schwarzer Materie und Flüssigkeit herausgeflossen sein, dass man damit leicht ein ganzes Fass Wasser hätte färben und schwarz machen können, und es war von Natur und

Eigenschaft wie die beste Tinte, mit der man schreiben konnte, sie floss sehr gut in der Feder und behielt auch auf Papier geschrieben ihre Schwärze.

Derjenige, der den Tintenfisch zuerst untersucht hatte, «nahm außerdem den einen Augapfel heraus und trocknete ihn, woraufhin er in Glanz und Härte einer kleinen echten Perle ähnelte», und so, reflektierte der Pfarrer am Schluss seines Briefes, konnte «sogar das Meer von Gottes wunderbaren Werken künden».

Hier, umgeben von Südnorwegern, welche die Qualität seiner Tinte wertschätzen konnten, war der Tintenfisch ein klassifizierbares und eindeutig bestimmbares Tier, aber dieser spezielle Tintenfisch war so außergewöhnlich, dass man die Obrigkeit von ihm in Kenntnis setzen musste. Ihm haftete die gleiche Fremdheit an, die Olaus Magnus fast zweihundert Jahre zuvor dazu veranlasst hatte, den «Vielfüßer» bei den monströsen Fischen einzuordnen und zu beschreiben.

In der *Historia de gentibus septentrionalibus* berichtet Olaus detailreich über ihn, über seine vielen Arme und seine Gewohnheit, sich in Höhlen zu verstecken und zum Beutefang hervorzuschießen, Olaus kennt sein Aussehen und seine Atmung, die Saugnäpfe an seinen Armen und seine Fortpflanzung – wenn wir seine Schilderung lesen, können wir leicht vergessen, dass er über Ungeheuer und nicht über gewöhnliche Tiere schreibt. Aber er erinnert uns daran: «Es gibt viele Arten des Vielfüßers; die an Land lebenden sind größer als die, die im Meer zu finden sind.»

Fig. 15 **DER VIELFÜSSER BEI KRISTIANSAND**

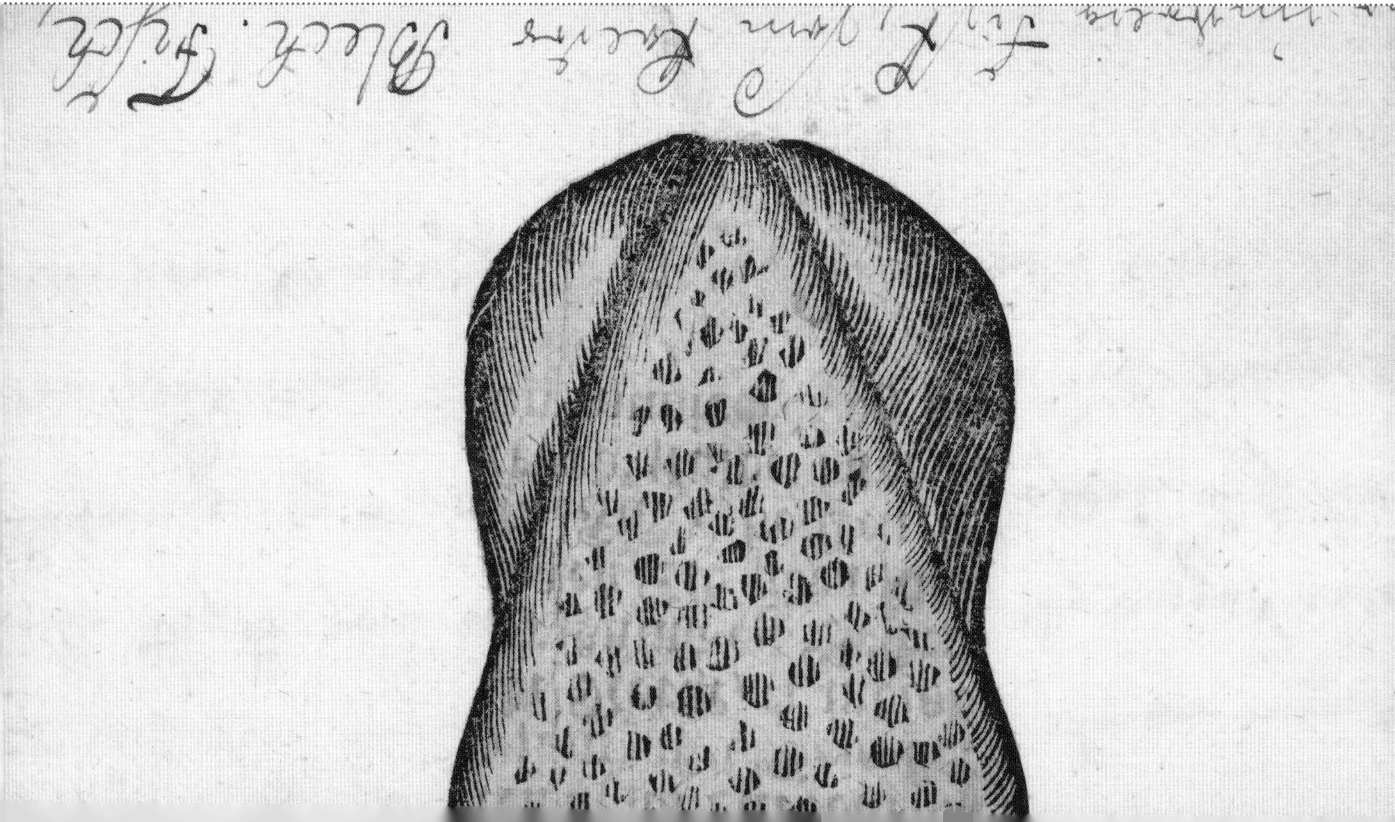

Ihr kennet den Hasen hiehsmidt, wenn er kleget.

DER BLICK AUF DEN KÖRPER

Ganz im Westen von Olaus Magnus' *Carta Marina* ist ein Monster zu sehen, das er selbst als «porcus marinus» bezeichnet, ein schuppenbedecktes Meerschwein, versehen mit dem Vermerk, es sei 1537 gesichtet worden. In der späteren *Historia de gentibus septentrionalibus* erklärt er dann, um was für ein Tier es sich dabei handelt.

> Es hatte einen Kopf wie ein Schwein, einen Viertelmond am Hinterkopf, vier Drachenfüße, auf beiden Seiten zwei Augen auf den Hüften, ein drittes auf dem Bauch in der Nähe des Nabels und hinten einen gespaltenen Schwanz, wie ihn gewöhnliche Fische haben. In Rom verfasste man damals eine Auslegung, was die verschiedenen Teile dieses Tieres bedeuten könnten, und gab sie gedruckt heraus. Sie lautet folgendermaßen: Ketzer leben ja im Allgemeinen wie Schweine. Der Mond am Hinterkopf bedeutet Verzerrung der Wahrheit, da er sich nicht auf der Stirn, sondern im Nacken befindet. Die Augen auf den Hüften und am Bauch sind voller Verführung und müssen daher herausgerissen werden. Die vier Drachenfüße schließlich stehen für die bösen Begierden und ungerechten Taten der Menschen, die heimtückisch aus den vier Ecken der Welt hereinbrechen und sich an diesem Tier besonders deutlich zeigen, wie an einem Räuber im Hinterhalt.

Das Meerschwein ist eines der wenigen explizit religiösen Meerungeheuer, die wir kennen: Es ist ein Symbol für alles, was die katholische Kirche bedroht, der Olaus sein Leben geweiht hatte. Zudem war das Schwein eine direkte Entlehnung: Es war einem gegenreformatorischen Pamphlet entnommen, das 1537 in Rom gedruckt worden war, die Behauptung, es sei in diesem Jahr gesichtet worden, ist also nicht zu widerlegen.

Als Monster, als Wesen in der Natur betrachtet, war das Meerschwein ein unmittelbarer Erfolg. Alle bedeutenden Naturhistoriker und Monsterexperten der damaligen Zeit nahmen es in ihre Bücher auf. Sebastian Münsters *Cosmographia* von 1544, Conrad Gessners *Historia animalium* von 1558 und Ambroise Parés *Des monstres et prodiges* von 1573: Alle prunkten mit fast identischen Bildern dieses Tieres, auch wenn einige der Meinung waren, es handle sich um eine Meerhyäne und nicht um ein Schwein. Es gelangte auch auf einige Karten, wie hier, auf Abraham Ortelius' Islandkarte von 1590.

Dieses Kartenbild ist als relativ spätes Porträt des Meerschweins anzusehen – wenn es denn noch eins ist. Ortelius bezeichnet es, recht vorsichtig, als «eine Hyäne oder ein Schwein». Vom ursprünglichen Ungeheuer sind nur die Augen an der Seite geblieben – abgesehen davon, dass es sich draußen im Meer aufhält. Die Drachenfüße und der Viertelmond sind fort, und das Tier hat einen warmen, zottigen Pelz bekommen. Wir sehen ein Ungeheuer, das darum kämpft, sich in einer neuen Zeit zurechtzufinden. Die Reformation ist lange vorbei, ohne dass die Welt untergegangen ist, also konnte das Monster keine Energie mehr aus dem Kampf gegen die lutherische Ketzerei gewinnen. Ortelius versucht daher, es ins weltliche Tierleben rund um Island zu integrieren. Damit hatte er keinen großen Erfolg. Das Meerschwein suchte Zuflucht in Spezialpublikationen wie Ulisse Aldrovandis *Monstrorum historia* von 1642, ward sonst aber nicht mehr gesehen. Heute ist es als ausgestorben zu betrachten.

Fig. 16 **DER BLICK AUF DEN KÖRPER**

allaryfiord
Brimnes
Ondvertnes
Londran
E

DIE LEBENDE INSEL

Die widerstandsfähigste Seeungeheuergeschichte findet sich im Bericht über Sankt Brendans Reise, von der wir zuerst durch einen lateinischen Text aus dem 9. Jahrhundert erfahren haben. Irgendwann zu Beginn des 6. Jahrhunderts begab sich Brendan mit einer Schar Pilger auf eine Schiffsreise, um den Garten Eden zu finden, und dort draußen auf dem Meer kamen sie, unvermutet, zu einer Insel, wo sie das Schiff vertäuten und an Land gingen, um ein Lager aufzuschlagen und sich auszuruhen. Erst als sie Feuer machten, um Essen zu kochen, erwachte das riesige Tier, auf dem die Gläubigen standen, wie sie jetzt erst bemerkten. Sie schafften es gerade noch, ins Schiff zu kommen, bevor die Insel abtauchte und verschwand. Den Garten Eden haben sie nie gefunden, aber sie gelangten zu Sankt Brendans Insel, die später auf vielen Karten eingezeichnet wurde – irgendwo vor Nordwestafrika, aber nie an genau der gleichen Stelle. Heute wissen wir nichts mehr über sie.

Das irrtümlich für eine Insel gehaltene Ungeheuer begegnet uns in der Reiseliteratur von Sindbad dem Seefahrer bis Pinocchio, ebenso wie auf Bildern und Karten, zum Beispiel auf Olaus Magnus' *Carta Marina*, wo es, argwöhnisch dreinschauend, mit zwei kleinen Männern und einem großen Topf auf dem Rücken in der Nordsee liegt. Mit dem Blick eines Gottes sieht der Betrachter, was die Menschen auf der Karte nicht ahnen.

Bei dem Bild hier handelt es sich um ein Detail aus dem 1616 veröffentlichten Atlas *The Theatre of the Empire of Great Britaine* des bedeutenden englischen Kartographen John Speed. Nun sieht der Betrachter mit dem Blick der Macht. Die Irlandkarten entstanden einige Jahre, nachdem Königin Elisabeths großes Heer einen langjährigen irischen Aufstand niedergeschlagen und den sogenannten Neunjährigen Krieg gewonnen hatte. Danach begann das englische Regime mit der systematischen Kolonisierung der nördlichen irischen Provinz Ulster. Die akribisch genaue Karte wiederholt die Eroberung auf Papier und demonstriert, dass die Engländer jeden Hafen und jeden Namen kannten, alles sahen, alles wussten, alle kontrollierten.

Unten an der Südwestküste scheint einer zu entkommen: ein Mann, der auf einem Meerungeheuer sitzt und Harfe spielt, das irische Nationalinstrument. Er ist allein, sieht aber zufrieden aus. Es kann sich kaum um jemand anderen als Sankt Brendan handeln, denn er verlässt gerade Fenit, eine kleine Insel, die sein Geburtsort gewesen sein soll.

Ein seltsames, mehrdeutiges Detail. Möglicherweise ist es ironisch. Schließlich handelt es sich um eine protestantische Karte, ohne Respekt oder Interesse für Heilige. Am naheliegendsten ist es vielleicht, dieses Bild als reinen Hohn zu deuten, als Karikatur eines Heiligen, der flieht und seine Freunde im Stich lässt. Damit wäre es auch eine Art religiöser Satire, die sich über die populäre Legende von dem riesigen Geschöpf im Meer lustig macht. Aber vielleicht ist es auch etwas anderes. Möglicherweise hatte Speed einen Moment lang Erbarmen mit den unterjochten Iren und sorgte dafür, dass Sankt Brendan gerettet und fortgebracht wurde, singend auf dem Rücken eines letzten Verbündeten, eines namenlosen Seeungeheuers, auf dem Weg zu anderen, fernen Inseln.

Fig. 17 **DIE LEBENDE INSEL**

C. Leane
Hogs
Bernogh

DER SCHWANENGESANG DER SEEMONSTER

Eine systematische und gebundene Sammlung von Karten wird heute Atlas genannt, aber im 16. Jahrhundert gab es mehrere konkurrierende Bezeichnungen. Eine davon ist «Theater», wie in Abraham Ortelius' *Theatrum orbis terrarum*, «Theater des Erdballs», von 1570. Hier, auf einem Kartenblatt, das die nördlichen Länder zeigt, sehen wir einen Theatermusiker, mit offenem Mund, als sänge er, während er sich dabei auf einem Streichinstrument, vielleicht einer Viola da braccio, begleitet. Möglicherweise ist er, um die Bezeichnung des Kartenhistorikers Chet Van Duzer zu verwenden, ein «Ichtyokentaur», ein Fischkentaur, also ein Mischwesen aus Fisch, Pferd und Mensch – wenn er nicht vielleicht sogar halb Mensch und halb Meerpferd ist. Sein Unterkörper nimmt ja genau die gleiche Pose ein wie das Meerpferd, das Ortelius etwas später südlich von Island plazierte. Wir können ihn auch als Meermann mit einem Paar zusätzlicher Beine betrachten, auch so etwas gab es. In dieser verspielten Figur laufen viele Linien der Geschichte der Monster zusammen. Wer weiß, wovon er singt?

Er schadet niemandem, denn seine vordringlichste Aufgabe ist es zu unterhalten. Damit kündigt er die Zukunft der Monster an: ihre Existenz als Ornament. Schon ab dem späten 16. Jahrhundert können wir beobachten, wie sie, die einmal Bilder für Omen, Vorzeichen, schreckliche Gefahren und beunruhigende Mysterien waren, in Dekor verwandelt wurden. Noch lange nach der Glanzzeit, die dieses Jahrhundert ihnen schenkte, finden wir auf Karten Zeichnungen von Monstern, aber da sind sie keine Abbilder der Wirklichkeit mehr. Sie sind Symbole, die an eine alte, ehrwürdige Kartentradition anknüpfen, der Beweis für das selbstsichere historische Bewusstsein der Kartographen. In der Welt der neuen Geographie war das Alte nur noch Schmuck.

In der Naturgeschichte verhielt es sich anders. Dort blieben die Monster wichtig für diejenigen, die die Muster der Natur, ihre Regelmäßigkeiten und Abweichungen, verstehen wollten. Aber die Zeit der Seeungeheuer als Boten aus der Tiefe des Daseins, als Sternbilder der Wellen, ging zu Ende. Sie wurden Geister ihrer selbst – und zum Luxus: Dass Karten mit kunstvollen Monstern wie diesem hier prunken konnten, war ein Zeichen für Reichtum und Status, sowohl des Kartographen als auch seines Kundenkreises.

Im Prinzip war das nichts Neues. Ende des 14. Jahrhunderts war der Künstler Francesco Becaria an der Anfertigung von vier riesigen Weltkarten für Baldassare degli Ubriachi, einen reichen Kaufmann in Florenz, beteiligt gewesen. Die Karten sind schon vor langer Zeit verlorengegangen: Als Einziges geblieben ist Francescos Zahlungsaufforderung für die Ausstattung der Karte mit hundert «großen und kleinen Fischen», von denen ganz sicher etliche Seeungeheuer waren. Monster kosteten extra.

Doch obwohl die Monster allmählich ihren Realitätsbezug verloren und sie ihre Urheber reicher machten, so bereicherten sie trotzdem auch das Leben ihrer Betrachter und spielten mit deren Fähigkeit zu staunen. Sie erinnerten daran, dass die Welt noch Mysterien zu bieten hatte, wie Sankt Brendans Insel, die wir nördlich der Schwanzspitze des Musikers sehen können. In dem Exemplar von Ortelius' Theater, das sich im Besitz der Nationalbibliothek befindet, sind die Insel und das Ungeheuer durch einen großen Riss in der Karte voneinander getrennt. Heute sind beide aus der Geographie gerissen.

Fig. 18

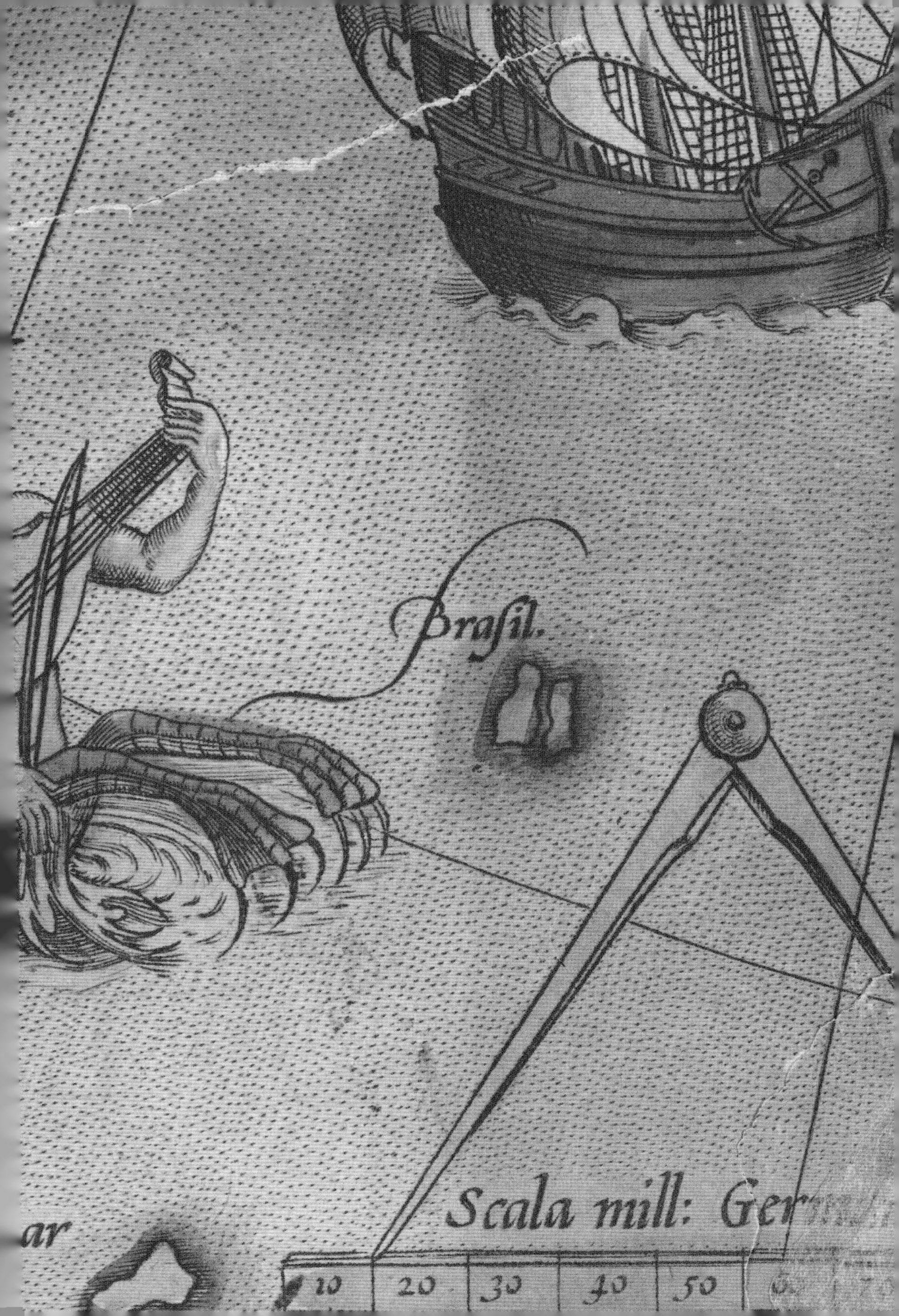
Brasil.
Scala mill: Ger
ar
10 20 30 40 50

ZU GROSS, UM GESEHEN ZU WERDEN

Von Zeit zu Zeit, vor allem an warmen Sommertagen, rudern die Fischer, Erik Pontoppidans Bericht zufolge, zu ihren üblichen Fanggründen und stellen fest, dass das Meer nicht annähernd so tief ist wie gewöhnlich. Wo es sonst hundert Faden bis zum Grund sind, sind es plötzlich nur noch zwanzig oder weniger, wobei es im Meer von Fischen nur so wimmelt, besonders von Kabeljau, Leng und Lumb, und sie beißen an, sobald die Fischer die Angelschnur auswerfen.

Voller Freude holen die Fischer den reichen Fang an Bord, aber sie müssen die Wassertiefe im Blick behalten: Wenn der Abstand zum Boden noch kleiner wird, ist der Krake auf dem Weg nach oben. Denn er ist dort unten, und die anderen Tiere sind dorthin gelockt worden von seinem speziellen Geruch und seinen moderartigen Ausscheidungen, die die Fische gierig fressen. Der Krake wiederum frisst sie. Aber wenn er an die Oberfläche steigt, dann ist «keine Zeit mehr, länger zu warten». Selbst die mutigsten Fischer rudern da aus Leibeskräften, bis sie weit genug weg sind, um sich über ihren Rudern ausruhen und zusehen zu können, wie der Krake die Oberfläche durchbricht und zum Vorschein kommt. Zwar können sie nur den obersten Teil seines Körpers sehen und nicht das ganze Tier, welches «vermuthlich niemals ein menschliches Auge zu betrachten Gelegenheit gehabt hat». Laut Pontoppidan kann der an der Oberfläche sichtbare Teil des Kraken einen Umfang von einer Viertelmeile haben – nach heutigen Maßen sogar etwas mehr. Mitunter liegt der Krake ruhig an der Meeresoberfläche und sieht aus der Entfernung aus wie eine Insel oder ein Holm. Nähert man sich ihm in einem Boot, wird man eine Menge Knubbel, Auswüchse, Spitzen und Zacken sehen, die größten so hoch wie Schiffsmasten, und überall zappeln Fische, die auf dem Ungeheuer liegen geblieben sind. Wieder ist die Gefahr groß: Der Krake ist so riesig, dass er ganze Kriegsschiffe in die Tiefe ziehen kann, denn wenn er sich zum Meeresgrund sinken lässt, ist der Sog so stark wie der berüchtigte Moskenesstraumen.

Vielleicht ist der Krake vor allem deshalb ein Ungeheuer, weil niemand ihn je wirklich gesehen hat, nicht ganz. Pontoppidan kann ihn im Detail beschreiben, aber auch nur im Detail. Er ist zu groß, um gesehen und verstanden zu werden, ein Geschöpf, das nur erahnt, aber zugleich intensiv wahrgenommen werden kann. Mystischer ist er für Pontoppidan nicht, der ihn als eine Art Seestern klassifiziert.

Da der Krake per Definition unüberschaubar ist, gibt es so, wie Pontoppidan ihn darstellt, keine Bilder von ihm. Später haben viele ihn als eine Art Riesentintenfisch identifiziert, und so ist er bei Schriftstellern wie Tennyson und Melville in Erscheinung getreten. Damit ist er auch leichter abbildbar geworden. Zudem hat der Krake auf diese Weise zur besonderen Faszinationskraft des Tintenfischs beigetragen. Dies betont Henrik Posselt in einem Büchlein über Tintenfische, das 1895 von der Studentischen Gesellschaft in Kopenhagen herausgegeben wurde. Unter anderem geht Posselt darin kurz auf die bei verschiedenen Völkern existierenden Geschichten über Tintenfischangriffe ein, Geschichten, die alle auf das mythische Universum des Kraken zurückzuführen sind. Das rätselhafte Bild der Frau, die von einem Tintenfisch umschlungen wird, kommentiert er jedoch nicht.

Das im Besitz der Nationalbibliothek befindliche Exemplar von Posselts Buch gehörte der Landwirtschaftsschule Vefsn – also einer Institution, die die Leute dazu ausbildete, sich an Land zu halten.

Fig. 19

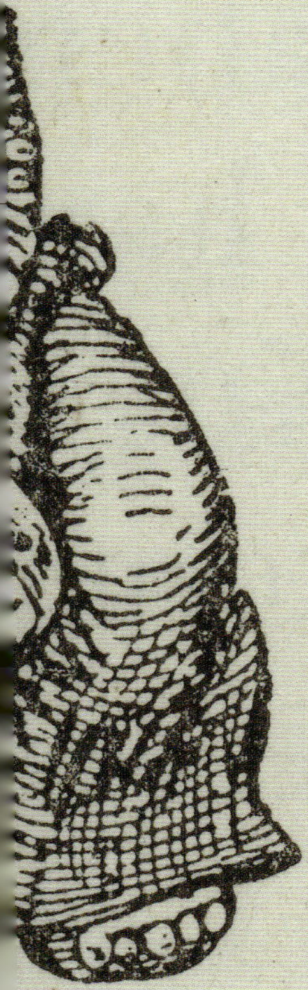

Alvor troe
der kun h
Tid, ikke
danne stor
lang have

Blandt
det Sagn,
orientalsk
Aar siden
blev overf

EIN FREUND GEHT ZUGRUNDE

Olaus Magnus' *Carta Marina* war voller Seeungeheuer, voller riesiger Körper und fürchterlicher Schlünde. Zumindest eines von ihnen war ketzerisch, es verkörperte die lutherische Gefahr; auf dem weiten, offenen Meer gab es nicht viele sichere Häfen für gute, katholische Seeleute. Aber an einem Ort fanden sie Schutz und einen guten Helfer in all den Gefahren: den Berg Mönch, an der Südspitze der Färöer. Auf Olaus' Karte war dieser Felsen dann auch als aufragender Mönch, groß und in Kutte, eingezeichnet, der im Meer stand und auf die Reisenden wartete. «Monachus» steht dort, in großen Buchstaben, wie in die Felswand gehauen. Hinter dem Berg liegt ein Schiff im ruhigen Fahrwasser vor Anker. Dieses Bild vom Zufluchtsort des wahren Christen ist das geometrische, und damit auch religiöse Zentrum der Nordsee, hier konnten müde Seeleute, verborgen hinter dem frommen Rücken des Mönchs, Ruhe finden. Er verhieß Rettung aus allen Gefahren.

Der Mönch – Munkurin – war tatsächlich real und eine bekannte Landmarke. 1881 schrieb der norwegische Geologe und spätere Politiker der linksgerichteten Venstre-Partei Amund Helland in der *Geologisk Tidskrift* (*Geologische Zeitschrift*) einen umfangreichen Artikel «Om Færøernes Geologi» («Über die Geologie der Färöer»). Auf der den Artikel begleitenden Karte sehen wir den Mönch ganz im Süden, einen weißen Fleck, unbewohnt und anscheinend unerforscht. Helland interessiert sich nicht für die historische Bedeutung des Berges, dafür, dass er dort so lange gestanden und die Gläubigen vor den gefährlichen Seeungeheuern beschützt hatte. Er interessiert sich jedoch für seine «Mächtigkeit», allerdings nur im geologischen Sinn, verstanden als Dicke von Schichten, Flözen und Erzlagerstätten. Seine alte religiöse Mächtigkeit sieht Helland nicht.

Ironischerweise ist die Karte in Hellands Artikel eine der letzten Stellen, an denen sich der Mönch zeigte. Im Lauf der Jahre 1884 und 1885 zerbrach die Klippe in den gewaltigen Wellen. Heute sind nur noch die Sumbiarsteinur übrig, ein Teil der Schärengruppe Flesjarnar. Das Seegebiet zwischen Flesjarnar und Sudrøy ist für seine starken Strömungen berüchtigt, somit ist der Schutzhafen der Gläubigen zu einem Ort geworden, den Seefahrer besser meiden sollten.

Es ist gut, dass Olaus Magnus nicht Zeuge des Falls des Mönchs wurde. Allerdings sind die Sumbiarsteinur vielleicht der richtige Ort, um dieses Büchlein über Monster zu beenden: Der Mönch war ein Monster aus Stein, ein gutes Ungeheuer, die nordische Klippe des rechten Glaubens. Für Olaus war er eine sammelnde Kraft in einem Meer, in dem die Seeungeheuer die Tiefe beherrschten. Er blieb stehen, noch lange nachdem sie verschwunden waren, aber jetzt ist er selbst fort, zusammengestürzt, nur noch eine Schäre. Die sich dort draußen brechenden Wellen können als Zeichen dafür gesehen werden, dass alle Monster ihre Zeit haben, diejenigen, die Böses im Schilde führen, ebenso wie die wenigen, die sich ihnen entgegenstellen. Außerdem sind sie ein Beweis dafür, dass sich nicht nur die Karten verändern, sondern auch das Terrain.

NORD
50'
40'
30'
GEOLOGISK KART
over
FÆRÖERNE
paa Grundlag af
FORCHHAMMERS KART
og
egne Iagttagelser
af
AMUND HELLAND.
Grimsf.
Præsteff.
40'
30'
20'
10'
Reautogr: af Chr. Fr. Sörensen, Lith.

Fig. 20

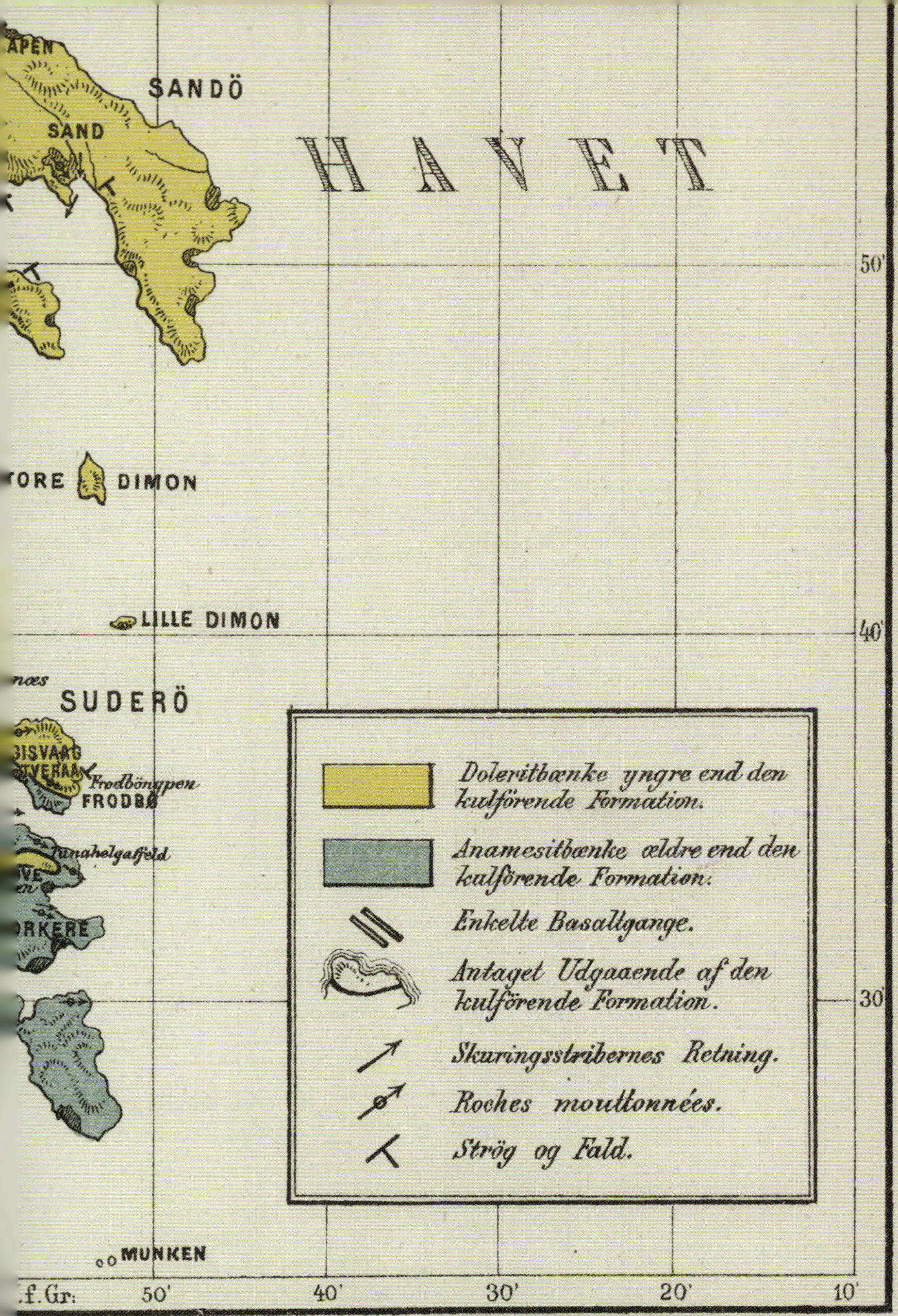

Edv: Jantzens lith Etabl.

QUELLEN

- *Biblia: Det er den gantske Hellige Scrifft.* Kopenhagen 1550.
- *Den rette Billed Bibel: Eller Bibelske Figurer, Om De Bibelske Historier, Af det Gamle og Nye Testamente*. Kopenhagen 1746.
- Chet Van Duzer: *Seeungeheuer und Monsterfische. Sagenhafte Kreaturen auf alten Karten*. Aus dem Engl. von Hanne Henninger und Jan Beaufort. Darmstadt 2015.
- «Endeel naturhistoriske Piecer». Ms.4° 280. Norwegische Nationalbibliothek Oslo.
- Peder Claussøn Friis: «Om Diur, Fiske, Fugle oc Trær udi Norrig.» In: Ders.: *Samlede Skrifter*. Kristiania 1881. S. 1–138.
- Amund Helland: «Om Færøernes Geologi». Sonderdruck aus *Geologisk Tidsskrift*. Kopenhagen 1881.
- Herodot: *Historien*. Deutsche Gesamtausgabe, 5., vollkommen neu bearb. Aufl., neu übers., hrsg. und erläut. von Heinz-Günther Nesselrath. Stuttgart 2017.
- Jodocus Hondius und Gerhard Mercator: *Atlas sive cosmographicae meditationes de fabrica mundi et fabricati figura*. Amsterdam 1623.
- *Hortus sanitatis*. Gedruckt von Jacob Meydenbach. Mainz 1491.
- *Moderne japansk lyrikk*. Ins Norw. übers. von Paal Brekke. Oslo 1965.
- Olaus Magnus: *Carta Marina*. Venedig 1539.
- Olaus Magnus: *Historia de gentibus septentrionalibus*. Rom 1555. [Es gibt verschiedene deutsche Ausgaben, die aber alle nicht vollständig sind, weshalb sie hier nicht als Textgrundlage dienen konnten. Einen guten Einblick in Olaus Magnus' Werk gibt: Olaus Magnus: *Die Wunder des Nordens*. Erschlossen von Elena Balzamo und Reinhard Kaiser. Mit 174 Abbildungen und einem Nachdruck der *Carta Marina* von 1539 als Beigabe. Frankfurt a. M. 2006.]

- Abraham Ortelius: *Islandia*. Antwerpen 1590.
- Abraham Ortelius: *Theatrum orbis terrarum*. Antwerpen 1570.
- Erik Pontoppidan: *Det første Forsøg paa Norges Naturlige Historie*. Bd. 2. Kopenhagen 1753.
  [Die Zitate stammen aus: Erik Pontoppidan: *Versuch einer natürlichen Historie von Norwegen*. Aus dem Dän. von Johann Adolph Scheiben. Bd. 2. Kopenhagen 1754.]
- Henrik J. Posselt: *Blæksprutterne*. Kopenhagen 1895.
- Jonas Ramus: *Norriges Beskrivelse*. Kopenhagen 1735.
- Jonas Ramus: *Ulysses et Otinus Unus & idem*. Kopenhagen 1702.
- Jean-Claude Schmitt: *Der heilige Windhund*. *Die Geschichte eines unheiligen Kults*. Aus dem Franz. von Adolphe Hyra von Konschegg und Maria Meier-Hartmeier. Stuttgart 1982.
- John Speed: *The Theatre of the Empire of Great Britaine*. London 1611.

WEITERE LEKTÜRE

- Lorraine Daston und Katharine Park: *Wunder und die Ordnung der Natur*. Aus dem Engl. von Sebastian Wohlfeil und Christa Krüger. Frankfurt a. M. 2002.
- Joseph Nigg: *Sea Monsters: A Voyage Around the World's Most Beguiling Map*. Chicago 2013.
- Wes Williams: *Monsters and their Meanings in Early Modern Culture. Mighty Magic*. Oxford 2011.

Illustrationen: fotolia-askaja/Shalyapina

© STURLASON

ERLING SANDMO,

geboren 1963, ist Historiker am Institut für Geschichte und Archäologie an der Universität Oslo. Er hat Bücher über Kriminal- und Musikgeschichte veröffentlicht, leitete ein Programm im Rundfunk und verfasst Beiträge über klassische Musik für die Wochenzeitschrift *Morgenbladet*.